U0052041

暢銷增訂版

家用縫紉機ok

自己作 不退流行の帆布手作包

赤峰清香
SAYAKA AKAMINE

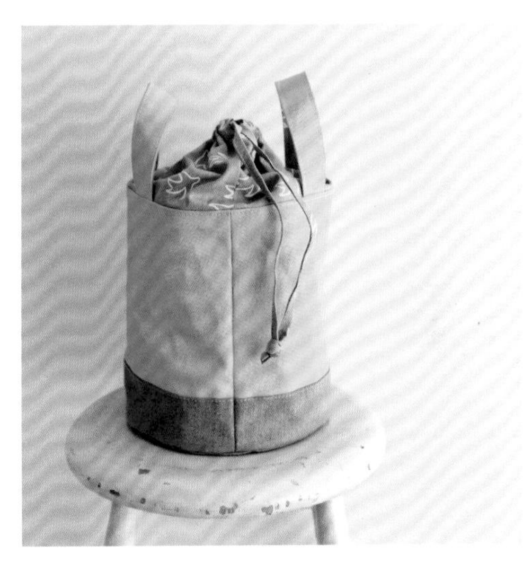

>> **CONTENTS**

基本款托特包

01 基本款托特包S
photo page / how to page
4/8

02 基本款托特包M
5/8·62

03 縱長型托特包M
6/64

04 縱長型托特包L
7/64

筒形包款

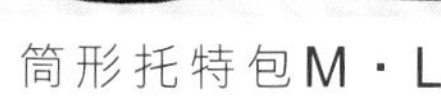

05 筒形托特包M・L
14/66

06 筒形托特包S
16/68

肩背包

07 兩用托特包
18/70

08 附口袋
水桶肩背包
20/72

09 小型肩背包
22/24

10 大型肩背包
23/24·74

帆布小物袋

11

卡片夾
30/75

12

筆袋
31/76

13

購物提袋
32/80

14

船形收納包
33/78

15

marine
eco - friend
A4尺寸扁包
34/80

16

扁平式肩背包
36/77

17

marine
斜裁式托特包
37/102

18

海軍風圓筒包
38/82

男用風格包款

19

後背包
40/84

20

園藝工具袋
42/86

21

旅行用托特包
44/8·63

日常實用帆布包

22

波士頓包
46/88

23

旅行袋
48/88

24

水餃包
50/90

25

蛋糕盒專用包
51/92

26

環保購物袋
52/94

27

CD收納包
54/96

28

書本收納包
55/98

29
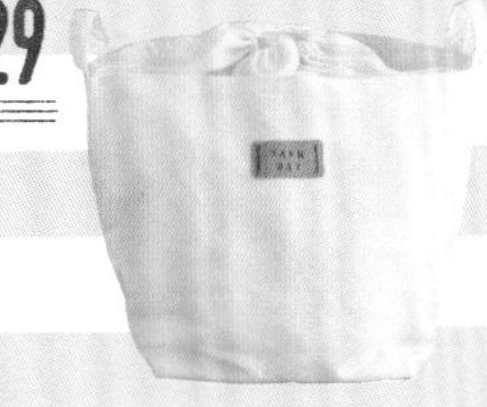
洗衣籃
56/100

SEWING LESSON

基本款托特包S 8
小型肩背包 24

BASIC

帆布包的基礎筆記 58
製作方法 62

基本款托特包
BASIC TOTE BAG

以帆布製成，簡單易作的基本包款。
如果能熟記帆布的處理方式，製作時會相當輕鬆有趣。

基本款
托特包 S

袋子本體、提把與袋子底部，
選用兩種配色的基本款托特包。
這次花了很多時間研究如何簡單地使用
家用縫紉機來製作，
並配合圖片來解說製作步驟。
右頁是M尺寸，
P.44則是介紹於袋口處加上束口設計的L尺寸。

size 20.5×23×側身12㎝
how to make lesson p.8

01

基本款
托特包 M

這款袋子比左頁的尺寸略大，
可以放入A4尺寸的文件與書籍，
適合通勤或通學人士。
在此使用10號與11號的
同色系深淺帆布進行配色。
不妨嘗試幾種自己喜歡的配色，
多製作幾個吧！

size 30×33×側身15cm

how to make lesson p.8 62

02

縱長型
托特包M

將基本款托特包作成更方便運用的縱長型，
並於袋口處加上口布與拉鍊。
深淺對比的配色也是這款托特包的重點。
M尺寸是購物量少時也相當便利的大小。

size 30×23×側身12cm
how to make p.64

03

縱長型
托特包L

白色×藏青配色的基本款托特包，
非常適合兩天一夜的輕旅行。
包包本體使用10號帆布，
重疊車縫的底部＆
提把則使用11號帆布。

size 38×26×側身12cm

how to make p.64

04

SEWING LESSON

photo p.4

01 動手製作S尺寸的基本款托特包吧！

托特包可以說是帆布包中的基本款。在此將詳盡解說帆布的縫製方法與祕訣。
不妨挑選兩種喜歡的顏色，嘗試動手製作看看吧！
P.5托特包是作法相同的加大尺寸版。P.44的托特包本體作法亦同，
但在尺寸上有所變化，並於袋口處作了束口袋設計。

裁布圖

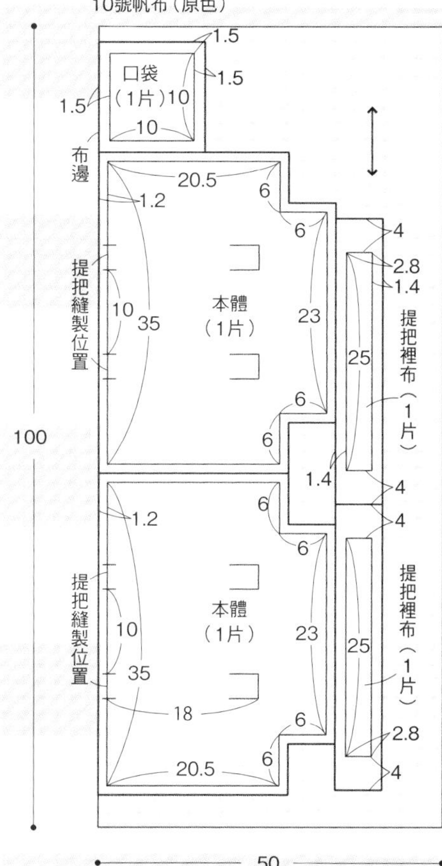

10號帆布（原色）
口袋（1片）
10
1.5
1.5
1.5
布邊
20.5
6
6
1.2
4
2.8
1.4
提把縫製位置
10
35
本體（1片）
23
25
提把裡布（1片）
100
6
6
1.4
4
4
1.2
6
6
提把縫製位置
10
本體（1片）
23
25
提把裡布（1片）
35
18
6
2.8
20.5
6
4
50

材料
本體・口袋・提把裡布
…10號原色帆布 50cm×100cm
袋底・提把表布
…11號橘色帆布 70cm×50cm
寬2cm織帶85cm
雙面黏著襯條 適當長度

完成尺寸
20.5×23×側身12cm

不同尺寸
不同尺寸&
束口袋設計

photo p.5
材料・
裁布圖 p.62

photo p.44
材料・裁布圖
束口袋作法 p.63

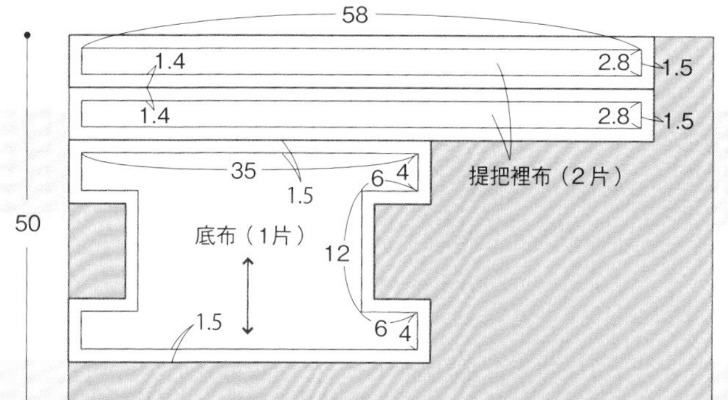

11號帆布（橘色）
58
1.4
2.8
1.5
1.4
2.8
1.5
35
1.5
6
4
提把裡布（2片）
50
底布（1片）
12
1.5
6
4
70

※除標示處之外，其餘縫份皆為1cm
※左裁布圖中，本體＆口袋為使用布邊的情況

1. 在帆布上畫出袋子各部件的標示線之後裁剪

❶於帆布上畫出袋子各部件的標示線。請參閱裁布圖，將附上縫份的各部件以方格尺與消失筆直接畫在布上。在分配位置時，盡量使每個部件緊接在一起，以節省布料的浪費。

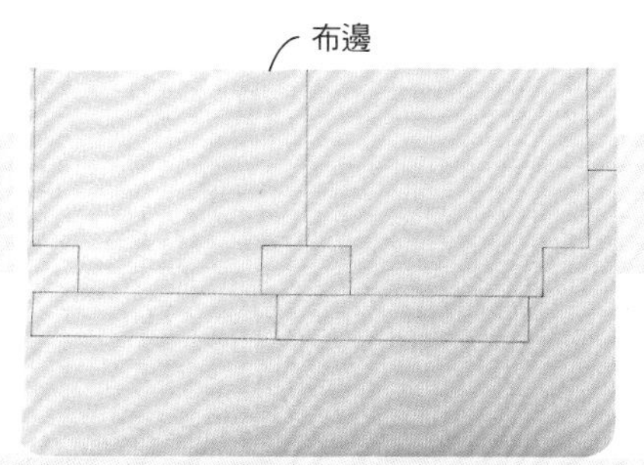

布邊

❷標示線描繪完成。本作品的本體與口袋的袋口部分利用了不需要處理的布邊。如果手邊的布料正巧沒有布邊，只要沿著被裁剪的布邊來畫線也可以。

布邊
布邊

★善用不需要處理的布邊。

★一般的布邊。

❸裁剪帆布。以剪刀沿著畫好的線剪下布料。

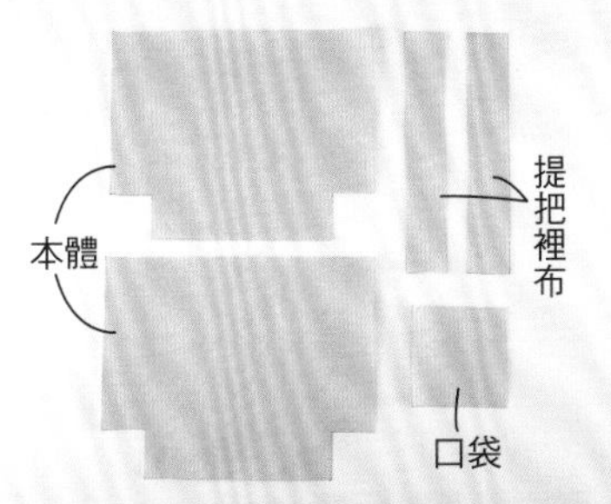

本體
提把裡布
口袋

❹裁剪完成。確認必要的部分都已剪下。

❺同樣在袋底與提把用布上畫出裁剪線。

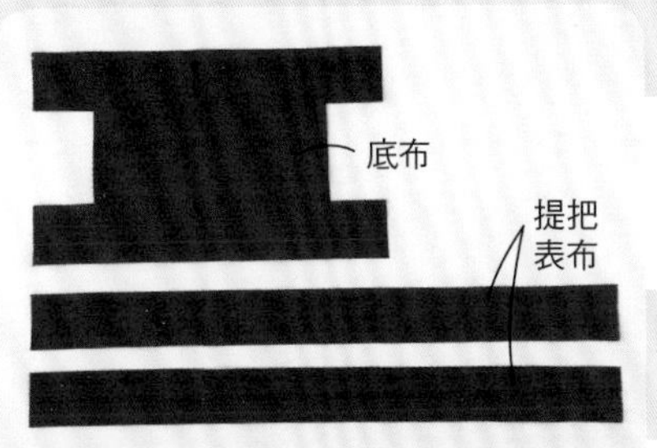

底布
提把
表布

❻裁剪底布。確認必要的部分都已剪下。

2. 摺疊本體與口袋的袋口並縫合

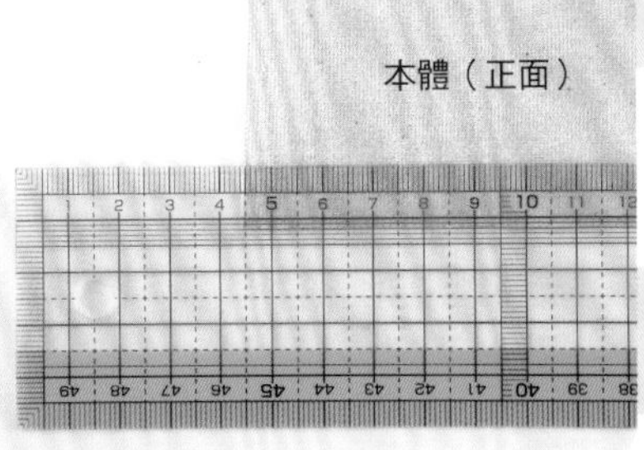

本體（正面）

❶摺疊本體與口袋的袋口縫份。可使用方格尺對齊縫份寬度後，壓住帆布。

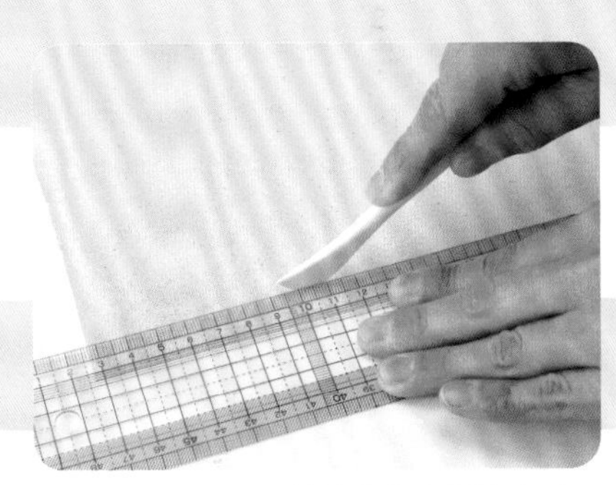

❷以骨筆在確認好的線上作出記號痕跡。

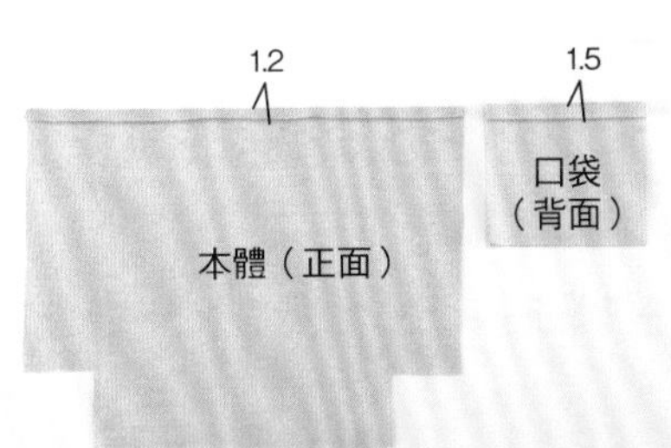

1.2
1.5
口袋
（背面）
本體（正面）

❸將本體的縫份倒向表側，口袋袋口的縫份倒向背面側。

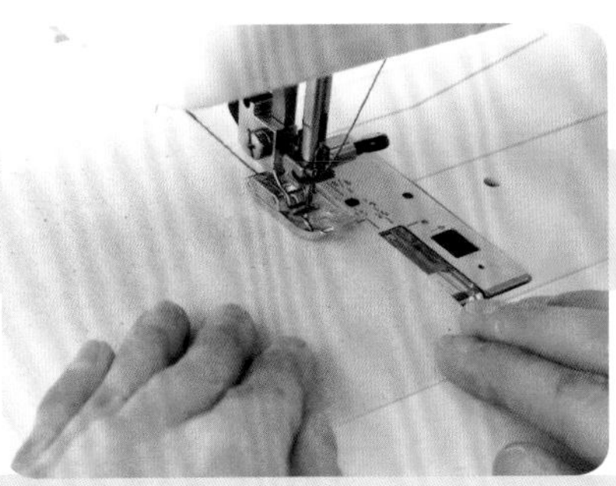

❹本體與口袋皆不需以珠針固定，直接從表側開始車縫。

★本體袋口部分若不是使用布邊，需將本體的縫份倒向裡側，以相同方式縫合。

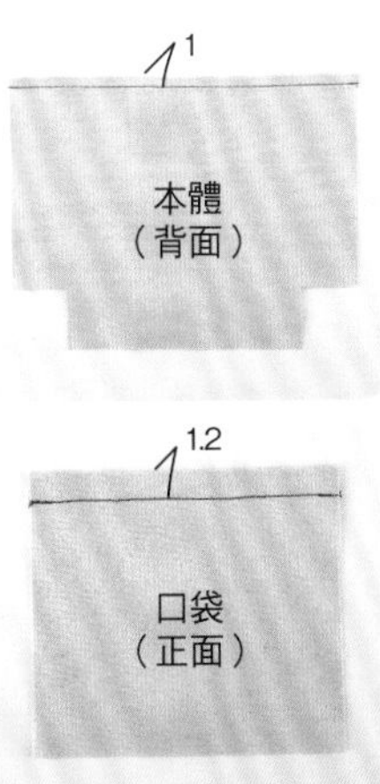

1
本體
（背面）
1.2
口袋
（正面）

❺縫合本體袋口。

❻以相同方式縫合口袋的袋口。

3. 縫合本體的底部

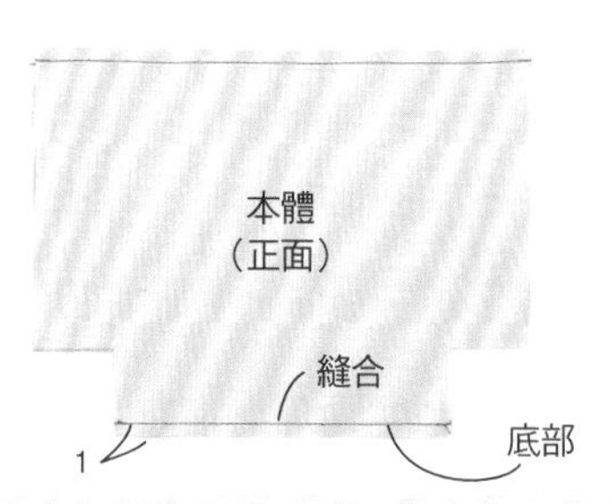
本體
(正面)
縫合
1
底部

❶將袋口已縫製完成的兩片本體背面相對後，從底部縫合在一起。

★因為帆布比較硬挺，所以不需以珠針固定，直接將兩片帆布的兩端對齊後，以縫紉機直線車縫寬1㎝的縫份。

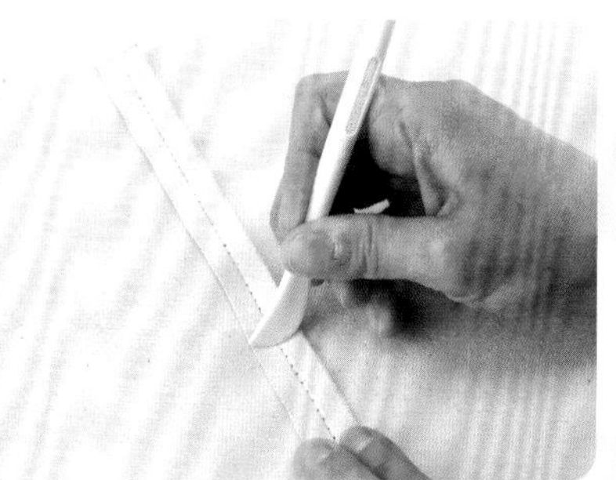

❷以骨筆將縫合完成的底部縫份攤開壓平。（骨筆的使用方式請參閱P.59）

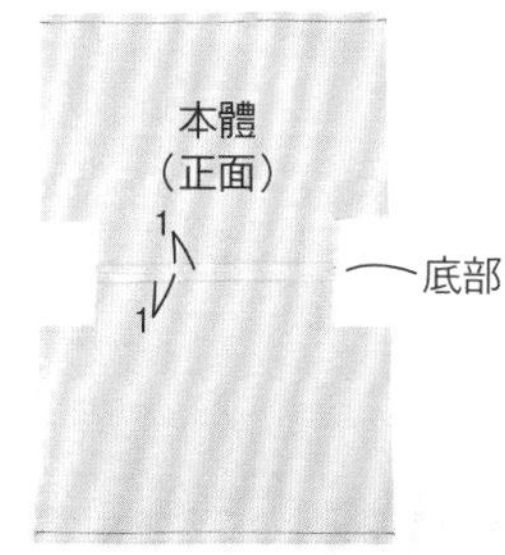
本體
(正面)
1
1
底部

❸底部縫合完成。

4. 製作提把&於本體帆布上作記號

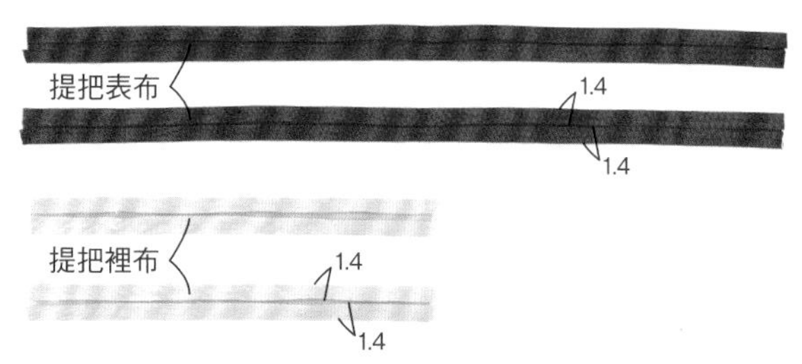
提把表布
1.4
1.4
提把裡布
1.4
1.4

❶準備提把表布與提把裡布各兩條。如圖所示，將兩長邊往中心處摺疊。經過石蠟加工的帆布不需熨燙，直接以骨筆壓出褶線，再以手摺疊即可。

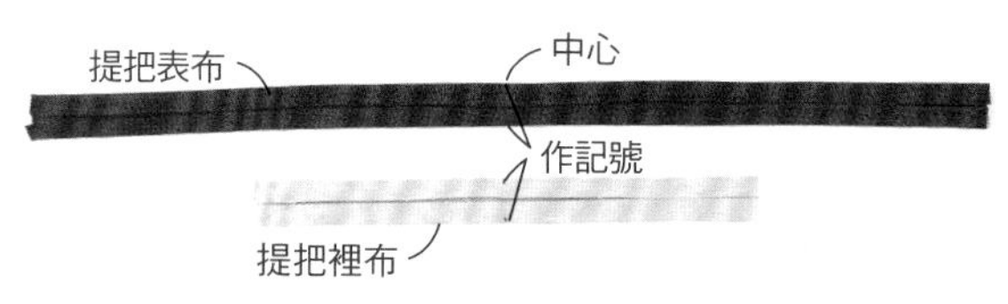
提把表布
中心
作記號
提把裡布

❷在提把表布與裡布長度的中心點作出記號。

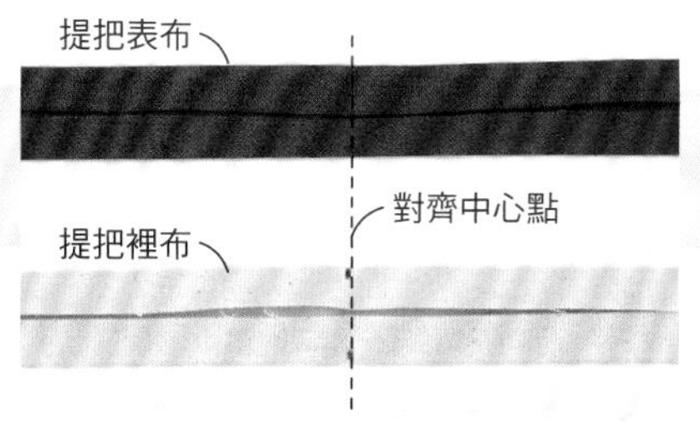
提把表布
對齊中心點
提把裡布

❸提把表布與裡布的中心點對齊。

提把表布
提把裡布

❹提把表布與裡布背面相對疊合，從中心點起，左右兩側各以強力夾固定。

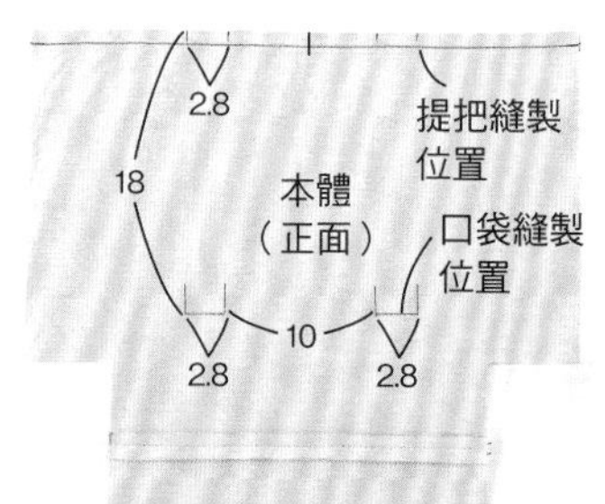
2.8
提把縫製位置
18
本體
(正面)
口袋縫製位置
10
2.8
2.8

❺在本體帆布上作出提把與口袋的縫製位置記號。

5. 將提把與口袋車縫於本體帆布上

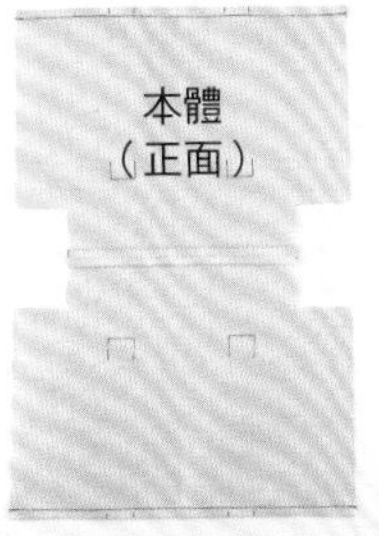
本體
（正面）

❻另一邊也作出位置記號。

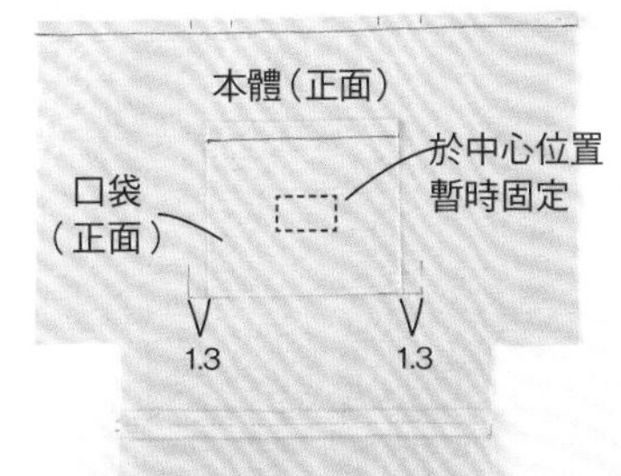
本體（正面）
於中心位置
暫時固定
口袋
（正面）
1.3
1.3

❼在口袋位置記號處放上口袋，並以雙面黏著襯條暫時固定。

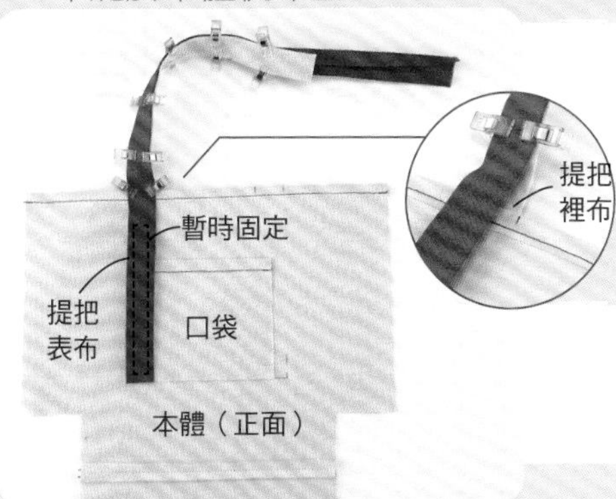
提把
裡布
暫時固定
提把
表布
口袋
本體（正面）

❶將提把對好位置之後放置於本體帆布上，並使提把表布與裡布包夾本體帆布。為避免提把移位，避開車縫位置，以雙面黏著襯條將提把的中心部分暫時固定於本體帆布上。

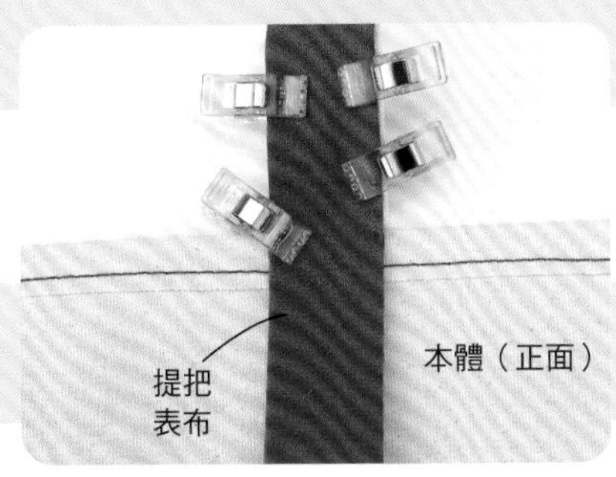
提把
表布
本體（正面）

❷在提把＆本體帆布的連接處以強力夾暫時固定，以防移位。

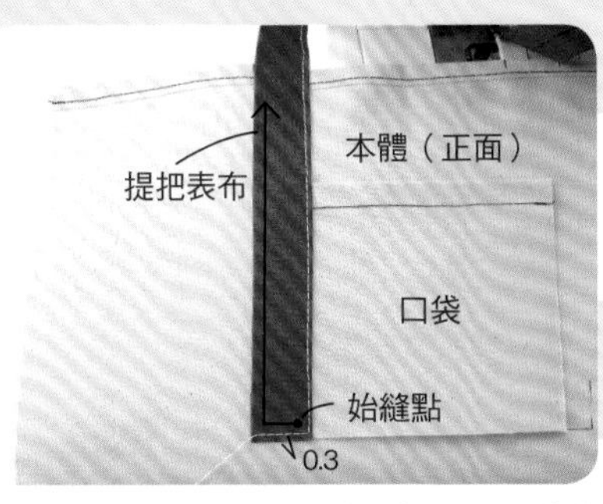
提把表布
本體（正面）
口袋
始縫點
0.3

❸在本體帆布上縫合口袋與提把。一邊縫合一邊取下強力夾。

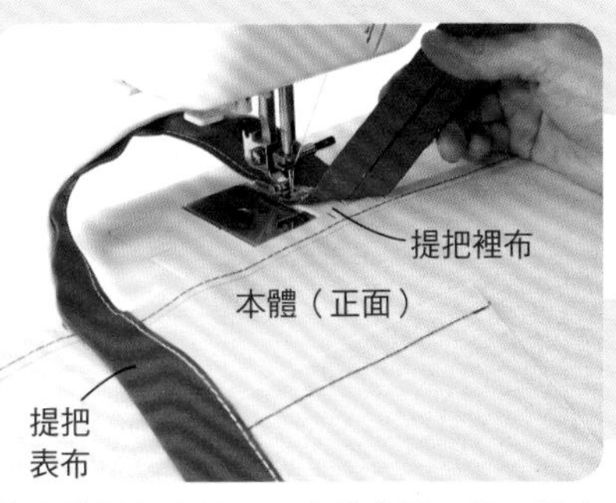
提把裡布
本體（正面）
提把
表布

❹先將提把車縫至一半的位置，另一邊也同樣將提把對準位置並包夾住本體帆布後，再接著縫合到始縫點為止。

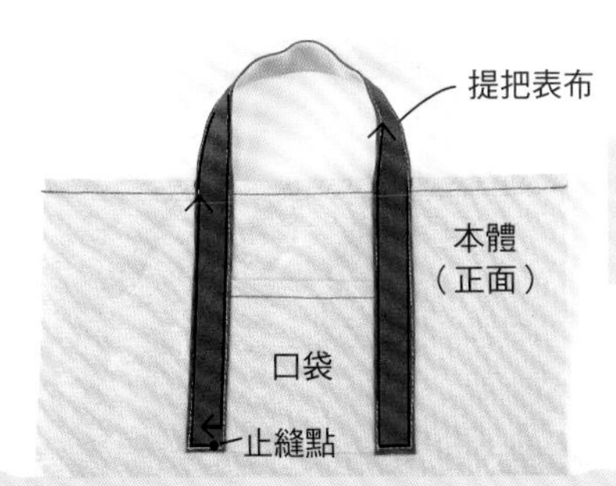
提把表布
本體
（正面）
口袋
止縫點

❺縫合提把與口袋。

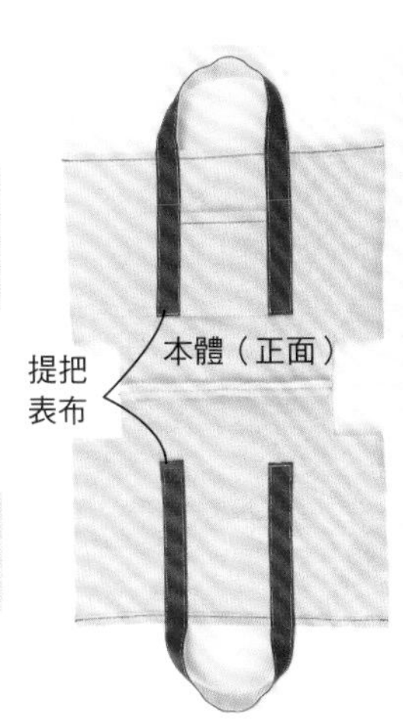
提把
表布
本體（正面）

❻另一邊也是以相同方式將提把縫合於本體帆布上。

SEWING
LESSON

6. 將底布與本體帆布縫合在一起

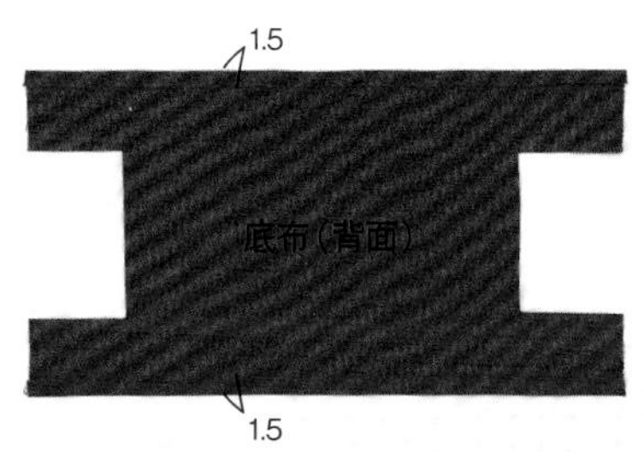
1.5
底布（背面）
1.5

❶將底布的上下縫份倒向背面側。

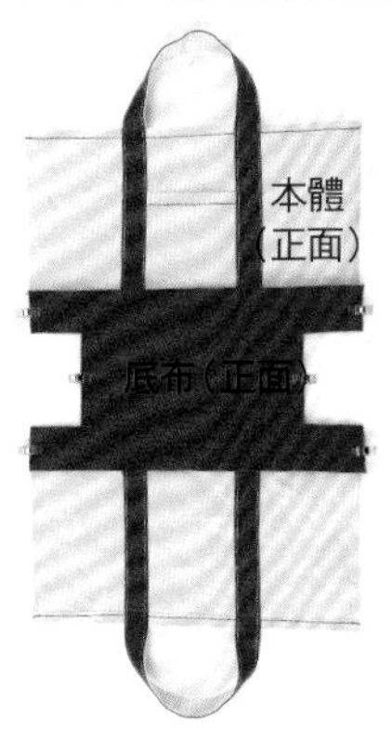
本體
（正面）
底布（正面）

❷將底布對齊本體重疊，再以強力夾固定。

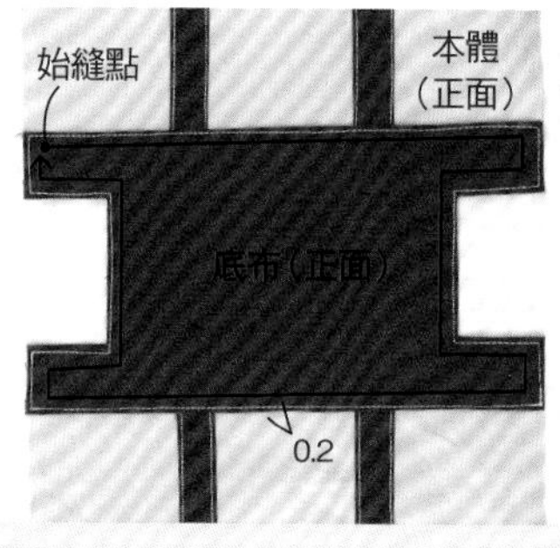
始縫點
本體
（正面）
底布（正面）
0.2

❸將底布與本體縫合。縫合方式為從始縫點順著底布形狀一次車縫，再回到始縫點作結束。

7. 縫合本體側邊

❶將本體帆布正面相對，縫合兩側側邊，注意上下對齊車縫。

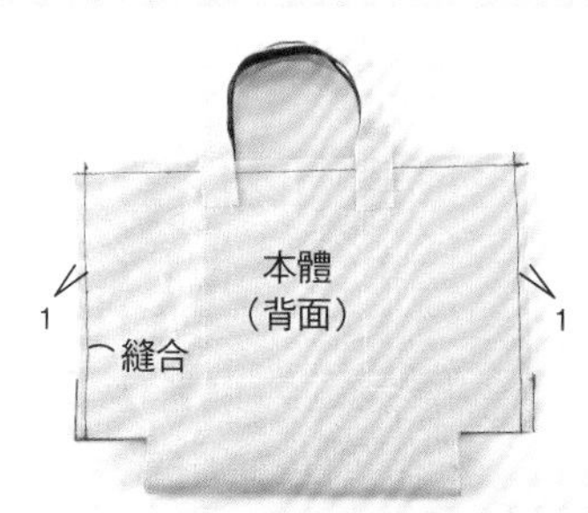
本體
（背面）
1
縫合
1

❷兩側側邊縫合完成。

❸準備人字紋織帶。

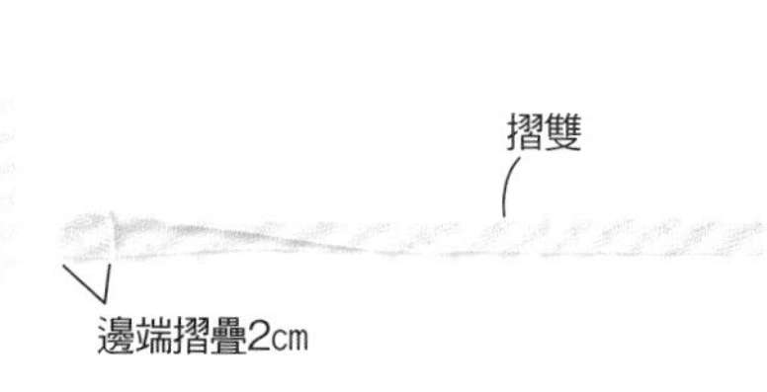
摺雙
邊端摺疊2cm

❹將準備的織帶裁剪成長24cm的兩條帶子。兩條帶子的單邊皆以熨斗壓燙邊端摺疊2cm，再對摺整條帶子。

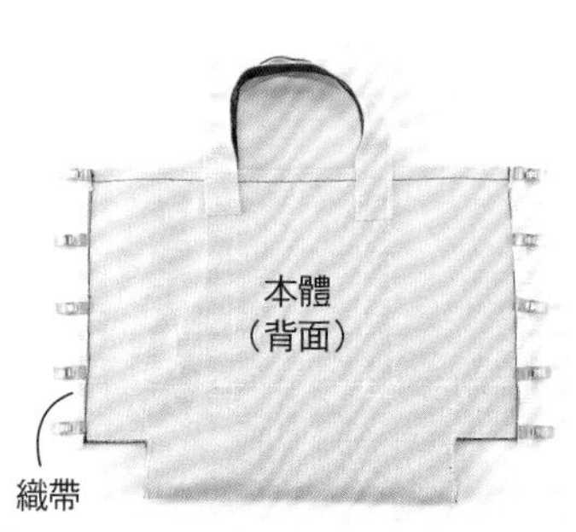
本體
（背面）
織帶

❺織帶邊端摺疊2cm的部分對齊袋口，將織帶包捲整個側邊縫份，並以強力夾固定。

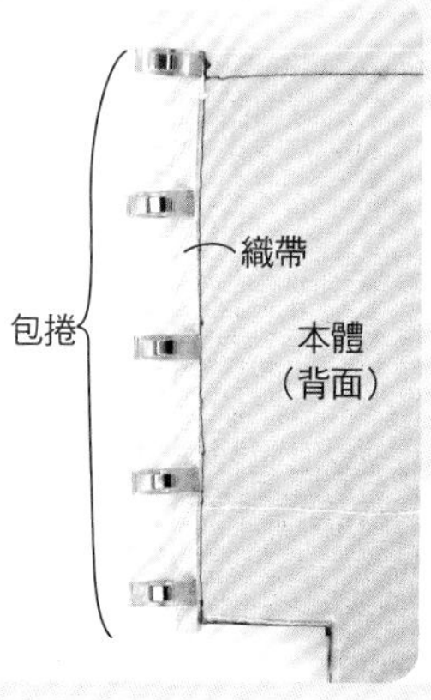
織帶
包捲
本體
（背面）

❻織帶將整個側邊從頭至尾包捲住。

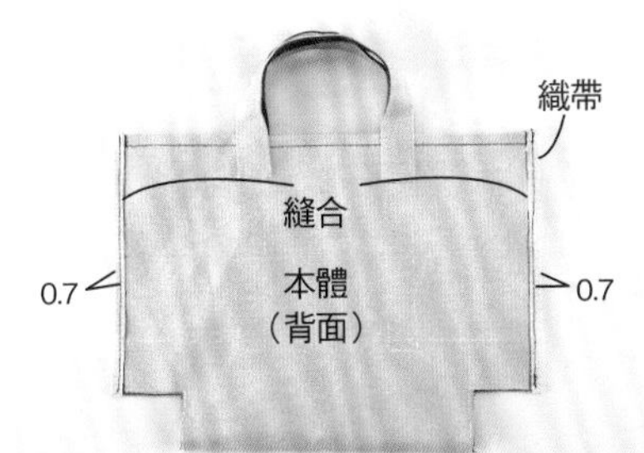
織帶
縫合
0.7
0.7
本體
（背面）

❼在織帶上縫合固定。

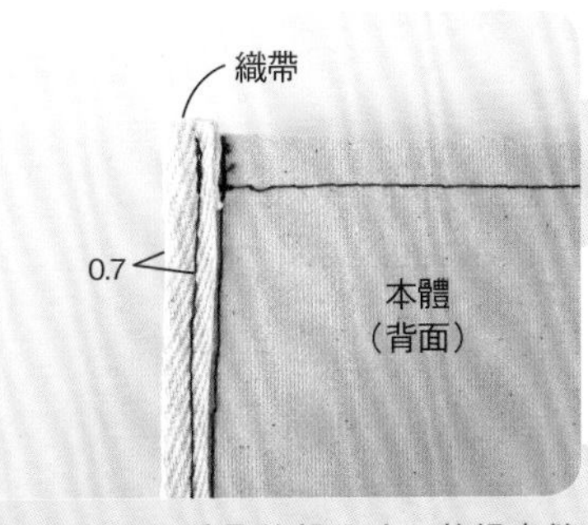
織帶
0.7
本體
（背面）

★車縫至與縫份重疊的部分時，放慢車縫速度。最好是以錐子將帆布壓住慢慢往前車縫。

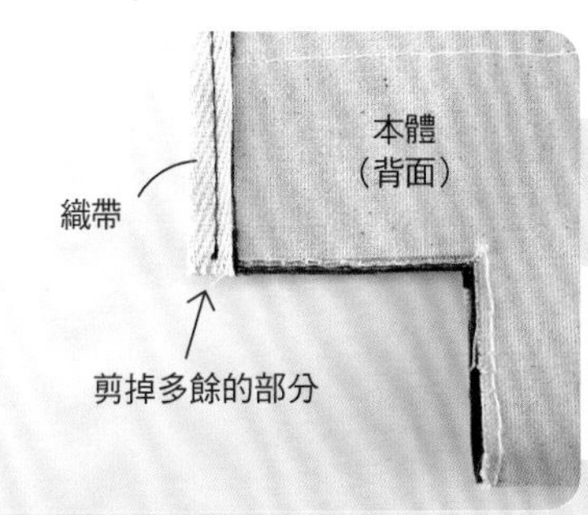
本體
（背面）
織帶
剪掉多餘的部分

❽剪掉尾端多餘的織帶。

8. 縫合本體的側身

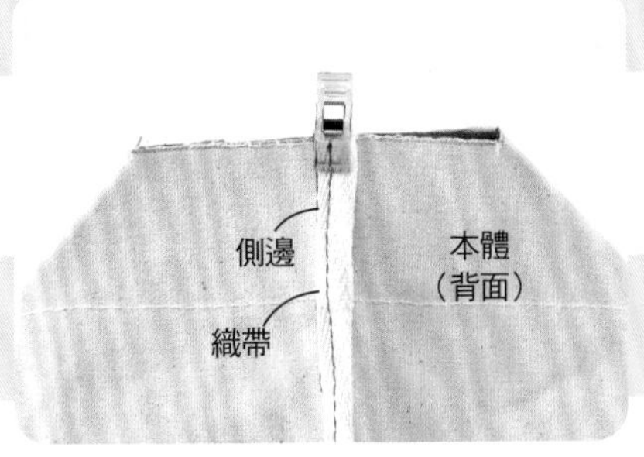
側邊
本體
（背面）
織帶

❶本體的底部中心與側邊線對齊，然後以強力夾固定。

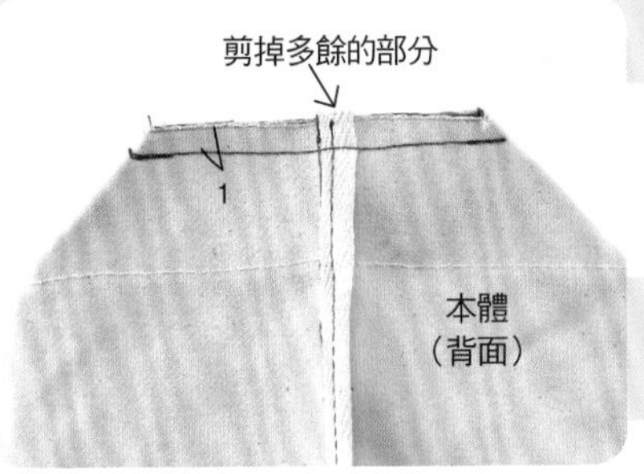
剪掉多餘的部分
1
本體
（背面）

❷縫合側身的部分，剪掉多餘的縫份。

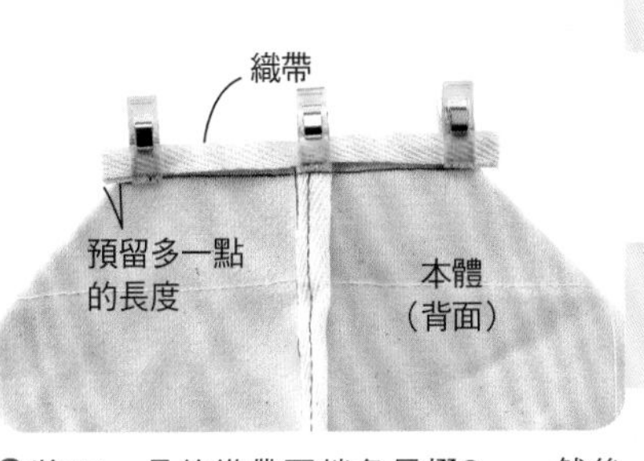
織帶
預留多一點
的長度
本體
（背面）

❸將17cm長的織帶兩端各反摺2cm，然後包捲住整個縫份，再以強力夾暫時固定。這時記得將左右兩端的織帶各預留一點長度，以避免帆布過厚無法完整包住。

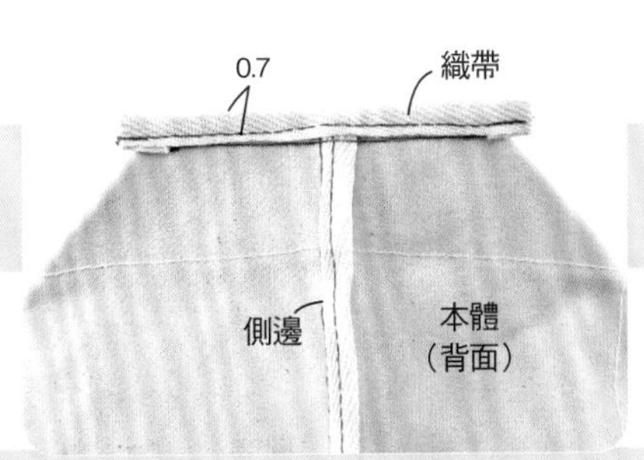
0.7
織帶
側邊
本體
（背面）

❹將織帶縫合固定。

❺側身縫合完成。

❻將袋子翻回正面即完成！

筒形包款

BUCKET TOTE

將本體與圓形底部接縫製作而成的筒形包。外型可愛且收納容量大，是非常實用的包款。漂亮接合底部是製作重點。

05

筒形托特包M・L

有著可愛圓形底部的筒形托特包，
作法其實比看起來更簡單。
深藍色的包包本體與提把搭配上白色裝飾線。
由於想讓包包放置時可以立起來，
所以選用了8號帆布來製作。

size （M）30×底直徑26cm
（L）35×底直徑30cm

how to make p.66

手工感的裝飾線令包包散發出原創風格。

>> **BUCKET TOTE**

BUCKET TOTE <<

尺寸小巧，附有束口內袋的優選袋物。

筒形托特包S

將可愛討喜的圓底筒形托特包縮小版型尺寸，
並於袋口加上束口內袋，
巧妙地隱藏袋中物品。
包包本體與不同顏色的底布形成重點對比。

size 23×底直徑20cm
how to make p.68

06

肩背包
SHOULDER BAG

肩背包是日常生活＆旅行中，時常可見的定番包款。
大型肩背包也相當適合男性使用。

兩用托特包

可以手提，也可以肩背的兩用托特包。
因為想要讓袋子呈現柔軟的感覺，
所以使用11號的帆布素材，
外側的大口袋設計也提升了便利性。
由於款式設計非常簡單，
所以可以在袋子側邊縫上緞帶或流蘇作為裝飾。

size 31×32×側身15cm
how to make p.70

07

>> 2WAY BAG

三色旗的緞帶裝飾
是設計重點！

08

附口袋水桶肩背包

這款水桶肩背包外側有口袋，
袋口部分作了束口設計。
包包本體選用8號帆布，
滾邊則使用11號帆布作為裝飾。
斜背肩帶部分的作法請參閱P.26。

size 32×25×側身20cm
how to make p.72

>> **BUCKET SHOULDER**

黑色搭配了深咖啡色滾邊，
增添了可愛的裝飾效果。
這是一款適合外出攜帶，
成熟中帶點可愛的實用性包款。

小型肩背包

肩背包很適合日常外出或旅行時使用。
即使放入一台單眼數位相機也沒問題。
本次使用麻質帆布來製作的款式，
也很適合搭配各種服裝造型。
內袋使用亞麻布，讓肩背包簡約中帶有時尚感。

size 20×24×側身10cm
how to make lesson p.24

09

2
3

大型肩背包

將小型肩背包改版加大，
並以條紋帆布作成男用風格的包款。
袋口搭配上紅色條紋滾邊。

size 27.5×33×側身14cm
how to make p.24 74

10

SEWING
LESSON

photo p.22

09 動手製作小型肩背包吧！

這款小型肩背包選用麻質帆布來製作。P.23大型肩背包的基本作法也與此包款相同。
縫製成袋狀的本體配上可以調整長度的斜背肩帶，是一款相當實用的包包。
製作重點在於為了使用家用縫紉機車縫，而盡量減低布料的厚度。
以下將詳盡解說斜背肩帶的作法，因為還能夠應用在其他包款上，所以請務必牢記。

裁布圖

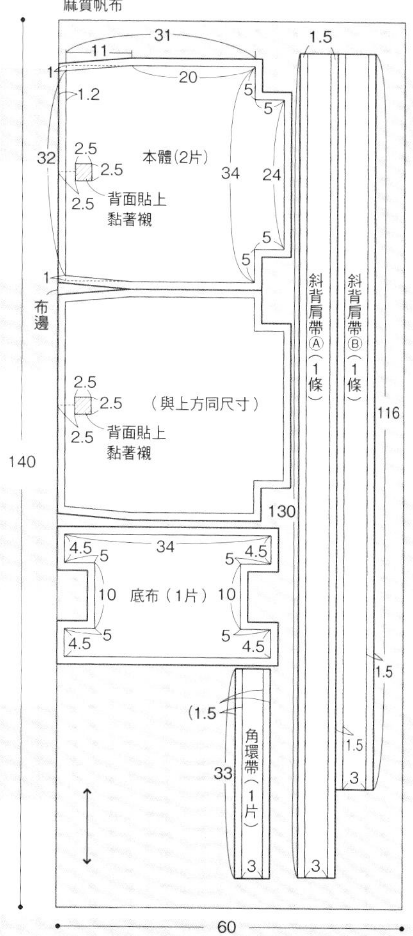
麻質帆布
31
11
1.5
20
1.2
32
2.5
2.5
本體（2片）
34
24
2.5
背面貼上
黏著襯
布邊
（與上方同尺寸）
140
130
116
4.5
34
10
底布（1片）
(1.5
33
角環帶（1片）
斜背肩帶Ⓐ（1條）
斜背肩帶Ⓑ（1條）
1.5
3
60

材料
本體・底布・斜背肩帶ⒶⒷ・角環帶
…麻質帆布60cm×140cm
內袋…條紋亞麻布80cm×40cm
寬3cm角環・寬3cm日型環各1個
直徑1.3cm四合釦1組
黏著襯　5×5cm
雙面黏著襯條 適當長度

完成尺寸
20×24×側身10cm

※除標示處之外，其餘縫份皆為1cm
※左裁布圖中，本體袋口為使用布邊的情況

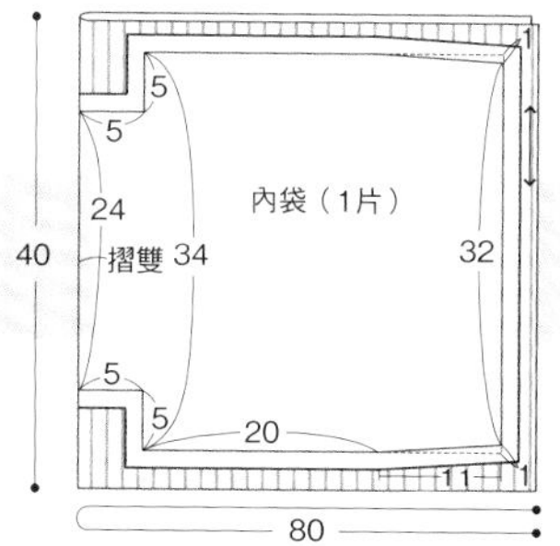
條紋亞麻布
內袋（1片）
5
24
摺雙 34
32
40
20
11
1
80

1. 於帆布上描線並裁剪

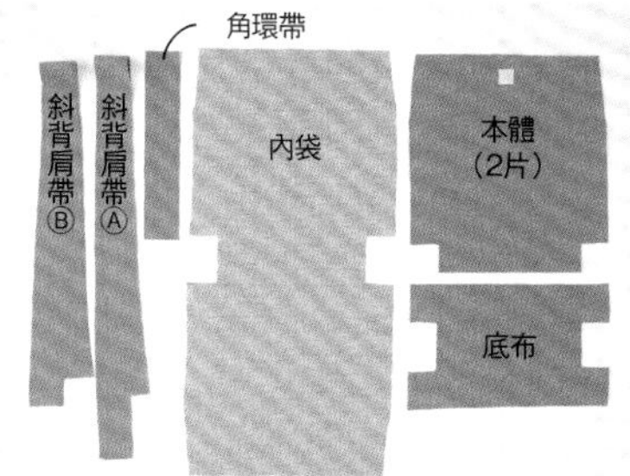
角環帶
斜背肩帶Ⓑ
斜背肩帶Ⓐ
內袋
本體（2片）
底布

❶參閱裁布圖於帆布上描線，然後裁剪。
★這次的本體袋口是運用不需要收邊處理的布邊。

2. 摺疊本體袋口縫份並縫合

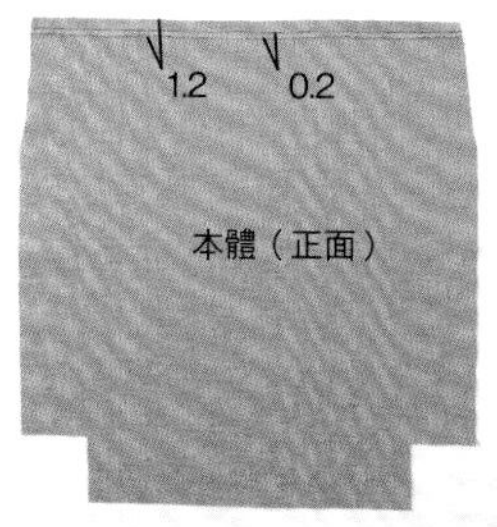
1.2
0.2
本體（正面）

❶摺疊本體袋口的縫份（摺疊的方式請參閱P.9），不需使用珠針固定，直接從正面縫合即可。
★本體袋口若不是使用布邊，請將縫份往背面側摺疊並縫合。

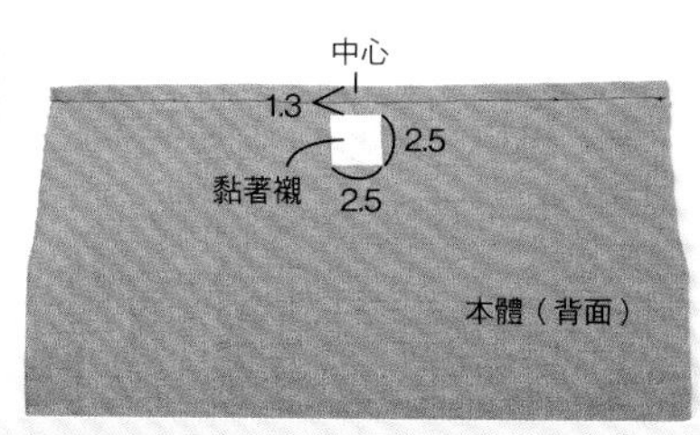
中心
1.3
2.5
黏著襯
2.5
本體（背面）

❷在本體袋口的四合釦位置的背面貼上黏著襯。

3. 縫合本體的底部

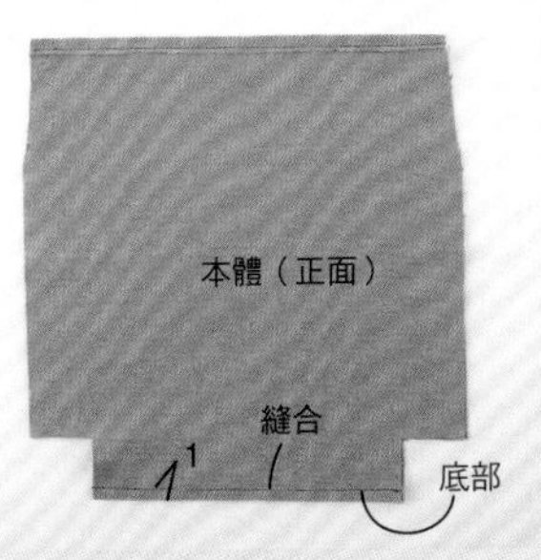

本體（正面）
縫合
1
底部

❶將袋口已縫製完成的兩片本體背面相對，從底部縫合在一起。

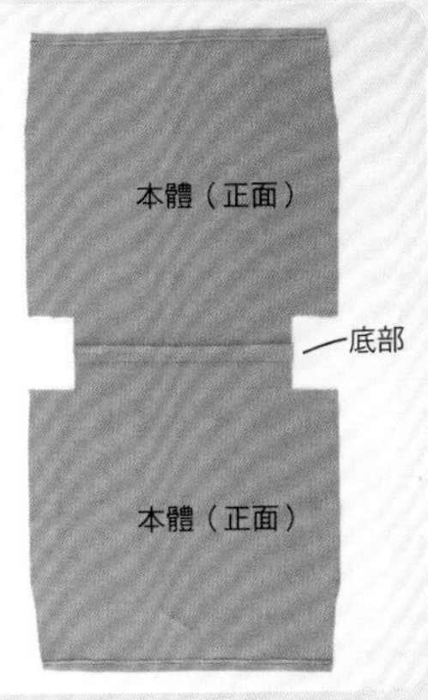

本體（正面）
底部
本體（正面）

❷底部的縫份以骨筆往兩側攤開壓平（請參閱P.10）。

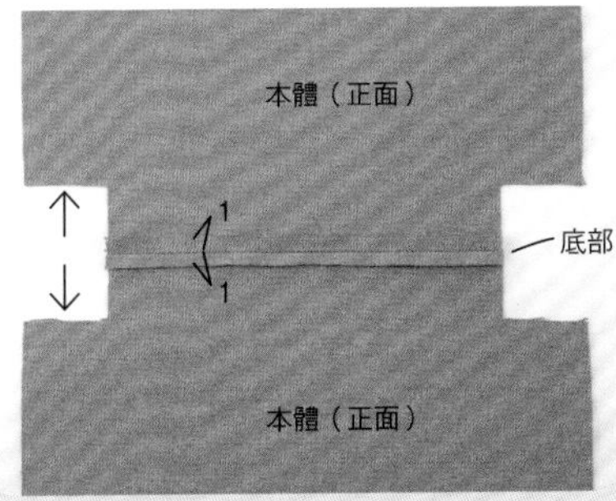

本體（正面）
1
1
底部
本體（正面）

❸縫合底部。

4. 將底布與本體帆布縫合在一起

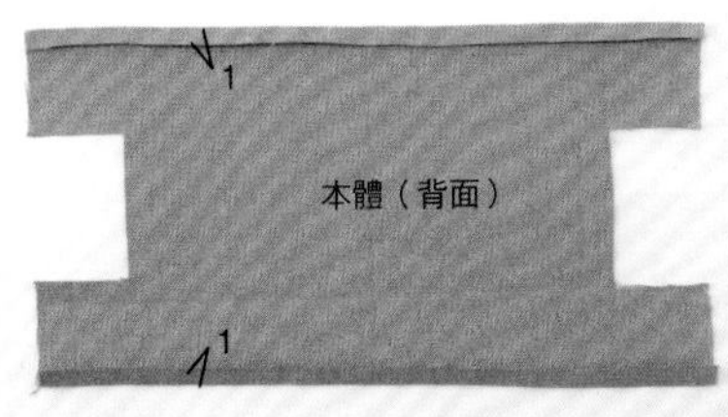

1
本體（背面）
1

❶將底布的縫份往背面側摺疊（摺疊的方式請參閱P.9）。

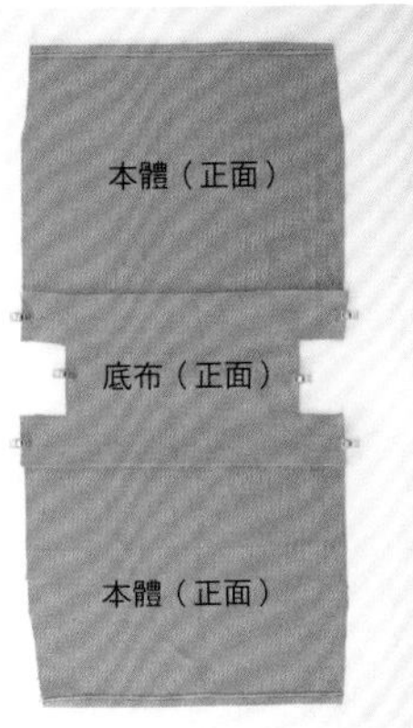

本體（正面）
底布（正面）
本體（正面）

❷將本體正面與底布的背面相對重疊，以強力夾固定。

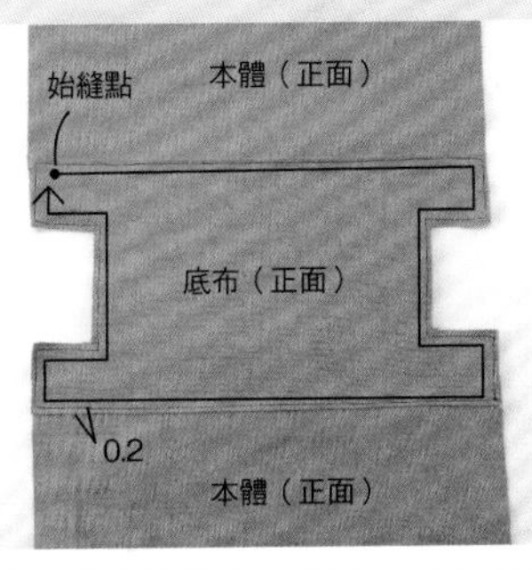

始縫點
本體（正面）
底布（正面）
0.2
本體（正面）

❸將底布與本體縫合。縫合方式為從始縫點順著底布形狀一次車縫，始縫點和止縫點都要進行回針縫。

5. 縫合本體側邊與袋底側身

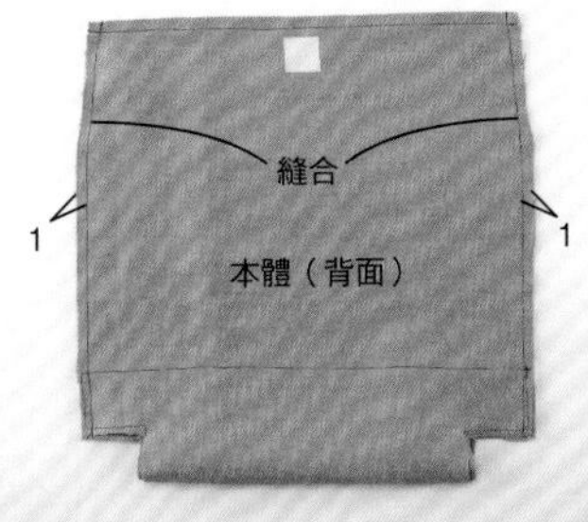

縫合
1
1
本體（背面）

❶將本體帆布正面相對，縫合兩側側邊。上下皆要對齊縫合。

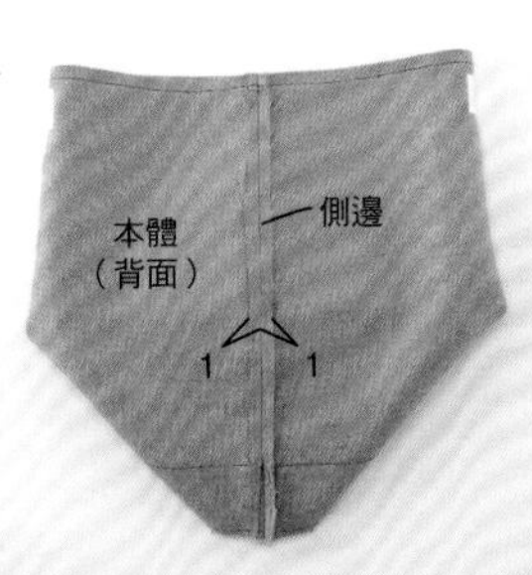

本體
（背面）
側邊
1
1

❷將兩側側邊的縫份攤開。

❸縫合側身。

★車縫至厚度較厚的部分時，放慢車縫速度。最好是以錐子將帆布壓住慢慢往前車縫。

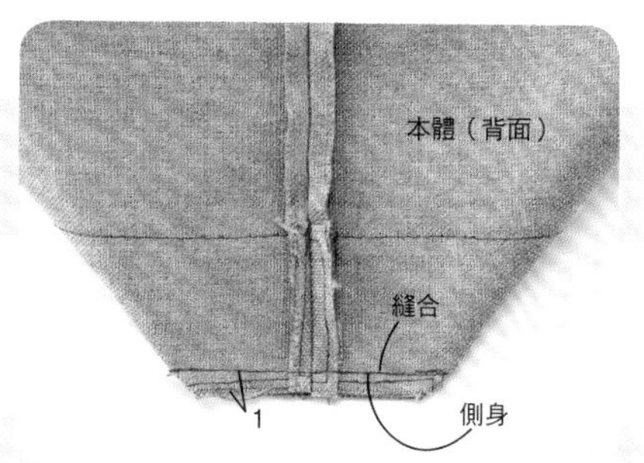
本體（背面）
縫合
1
側身

❹側身縫合完成。

6. 製作斜背肩帶

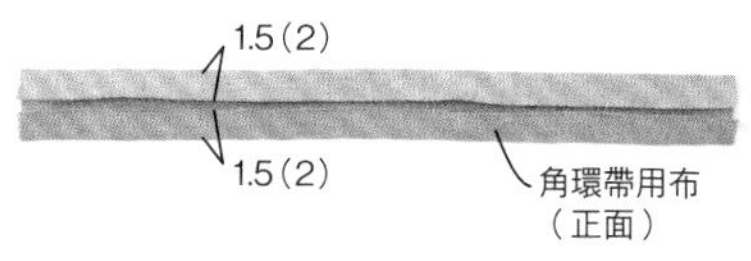
1.5（2）
1.5（2）
角環帶用布
（正面）

❶製作角環帶。先將兩側長布邊往中心線摺疊。

❷準備角環。

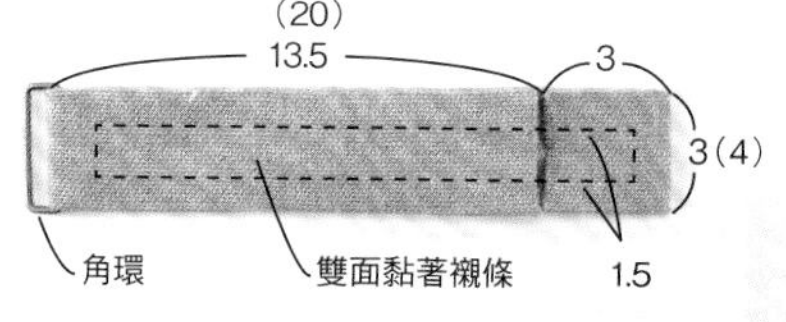
(20)
13.5
3
3(4)
角環
雙面黏著襯條
1.5

❸將穿過角環的角環帶的兩端如圖所示摺疊，並以雙面黏著襯條暫時固定。

★雙面黏著襯條如果黏到要縫合的位置，會使針黏住膠帶而變得難以車縫。貼的時候應該要避開車縫處，貼於中心部分。

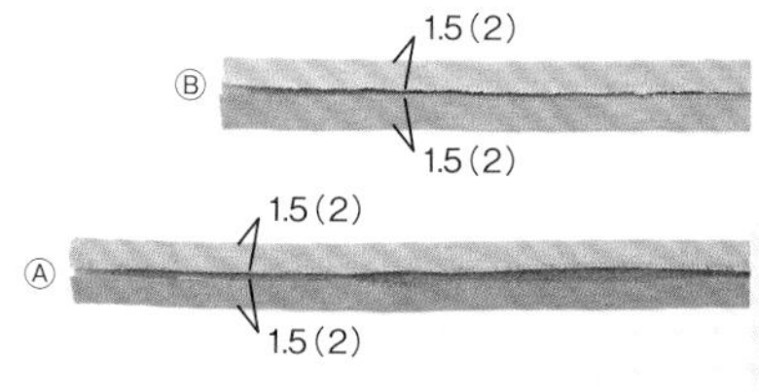
Ⓑ
1.5(2)
1.5(2)
Ⓐ
1.5(2)
1.5(2)

❹摺疊Ⓐ・Ⓑ斜背肩帶的兩側長布邊。

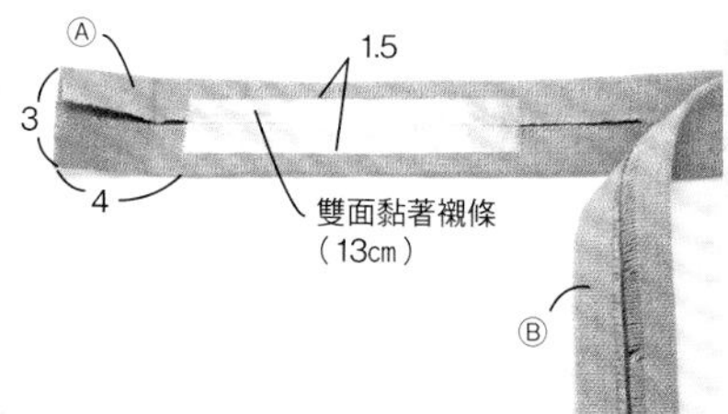
Ⓐ
1.5
3
4
雙面黏著襯條
（13cm）
Ⓑ

❺將斜背肩帶Ⓐ的摺線與Ⓑ相對重疊，避開邊端車縫處，黏上雙面黏著襯條暫時固定。

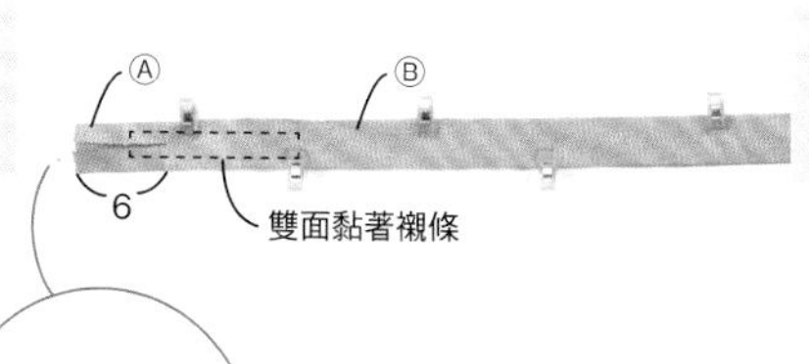
Ⓐ
Ⓑ
6
雙面黏著襯條
3

❻以強力夾確實固定兩條斜背肩帶，然後將Ⓐ斜背肩帶的前端內摺3cm。

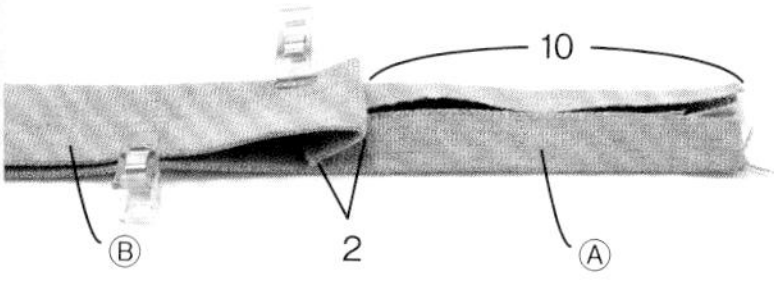
10
Ⓑ
2
Ⓐ

❼另一邊的斜背肩帶Ⓑ的前端則往內摺2cm。

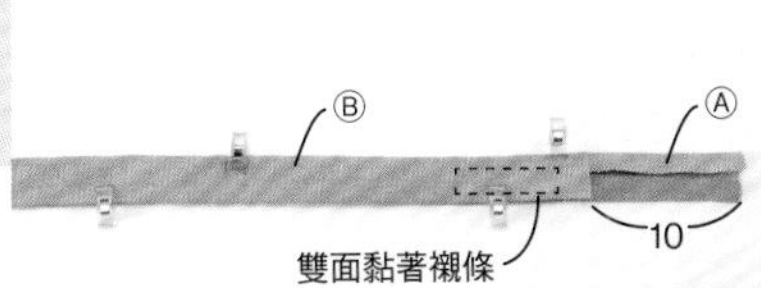
Ⓑ
Ⓐ
雙面黏著襯條
10

❽將步驟⑦的前端部分以雙面黏著襯條暫時固定。黏貼時避開車縫處。

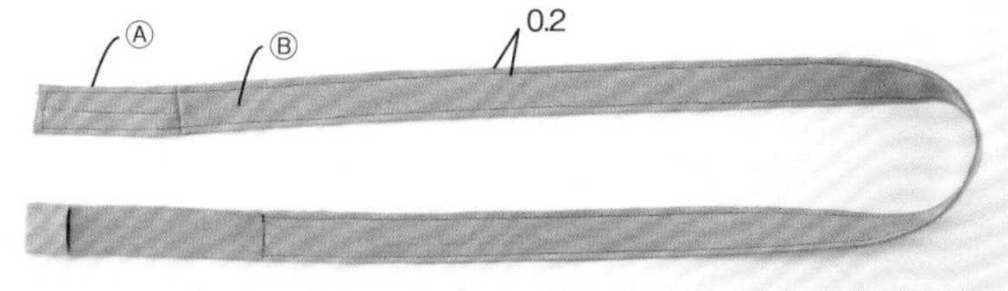
Ⓐ
Ⓑ
0.2

❾將斜背肩帶以環繞一圈的方式車縫完成。始縫點和止縫點都要回針縫。

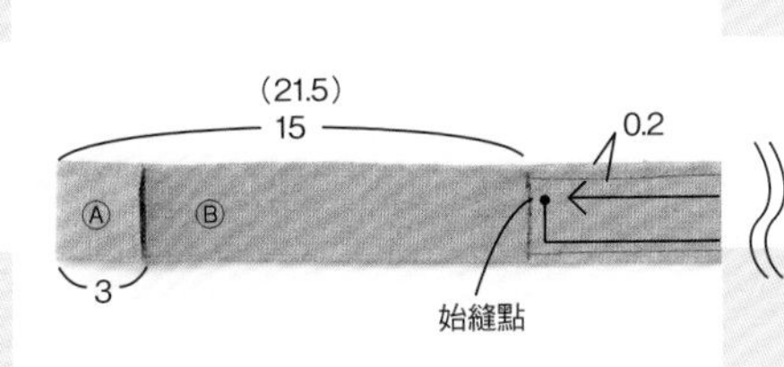
(21.5)
15
0.2
Ⓐ
Ⓑ
3
始縫點

❿單側的前端。

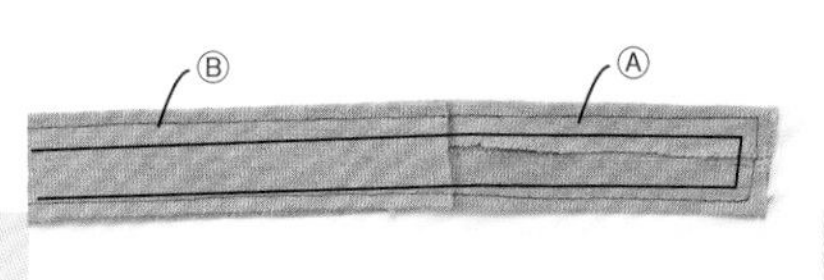
Ⓑ
Ⓐ

⓫另一側的前端。

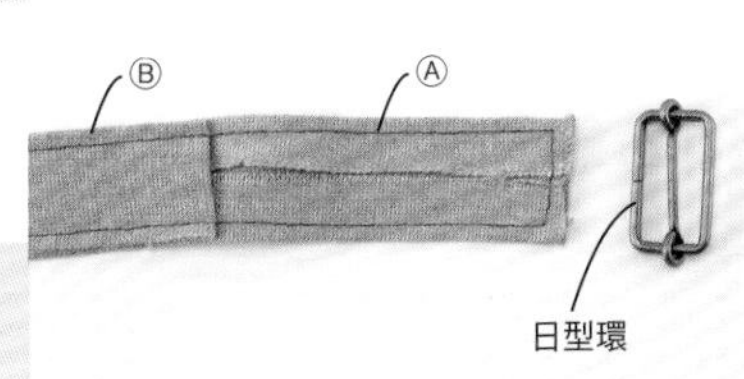
Ⓑ
Ⓐ
日型環

⓬準備日型環。

⓭將步驟⑪中的斜背肩帶前端穿過日型環。

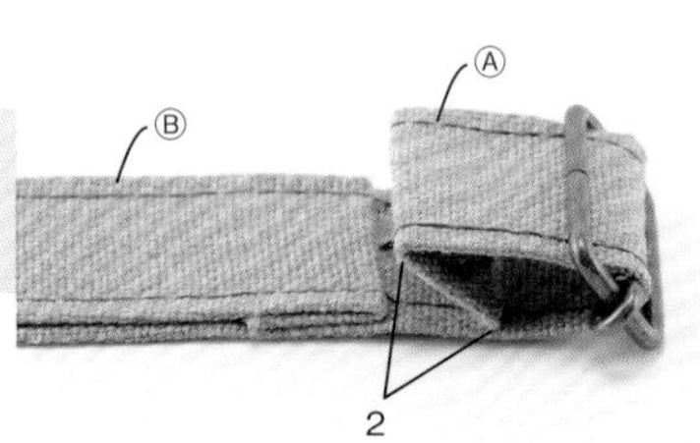
Ⓐ
Ⓑ
2

⓮斜背肩帶Ⓐ的前端反摺2㎝。

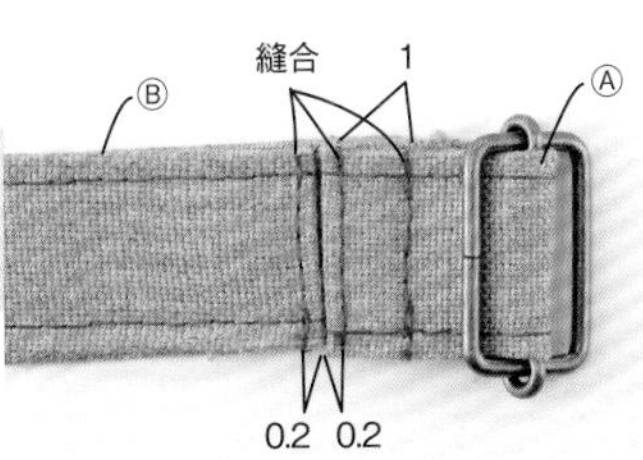
縫合
1
Ⓑ
Ⓐ
0.2 0.2

⓯車縫三處。

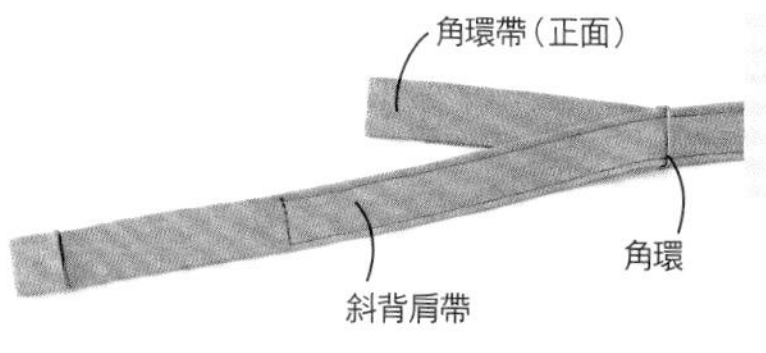
角環帶（正面）
角環
斜背肩帶

⑯步驟③中的角環穿過步驟⑩的斜背肩帶的前端。

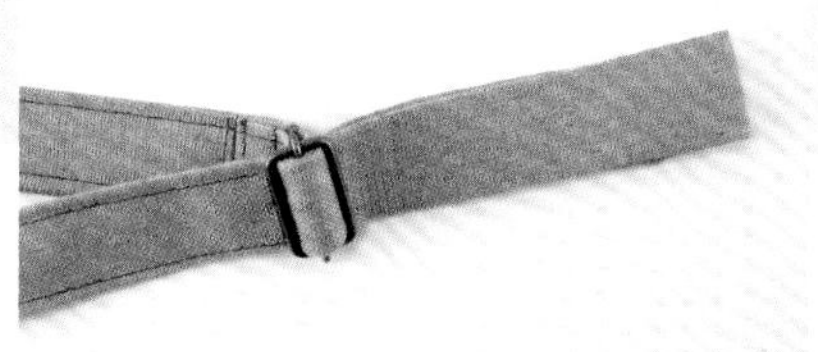

⑰再將斜背肩帶穿過角環。

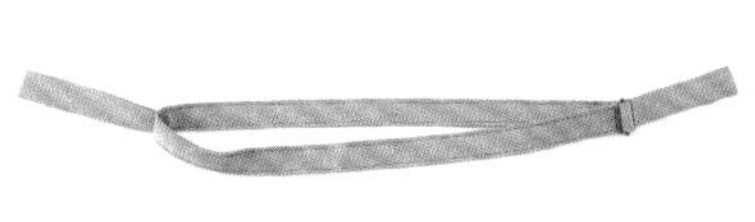

⑱斜背肩帶製作完成。

7. 將斜背肩帶縫合於本體上

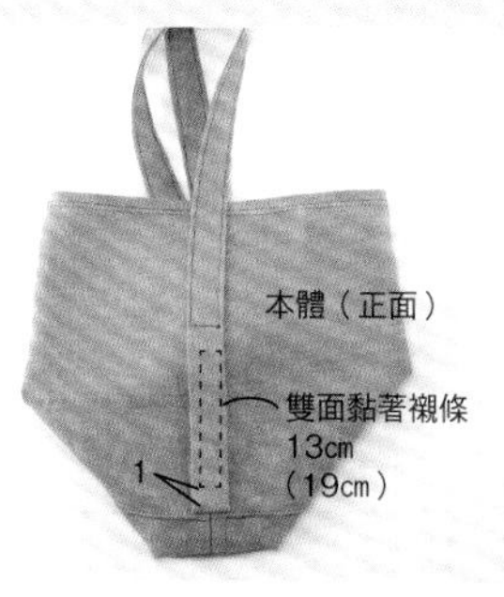
本體（正面）
雙面黏著襯條
13cm
（19cm）
1

❶將斜背肩帶對準本體的側邊，以雙面黏著襯條黏貼於斜背肩帶中心處暫時固定。

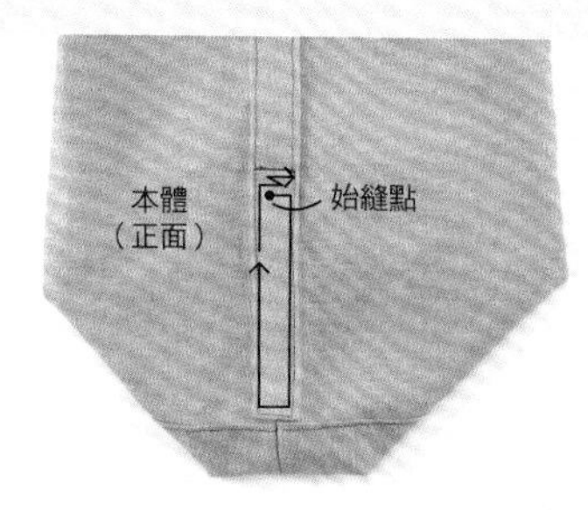
本體
（正面）
始縫點

❷縫合斜背肩帶。

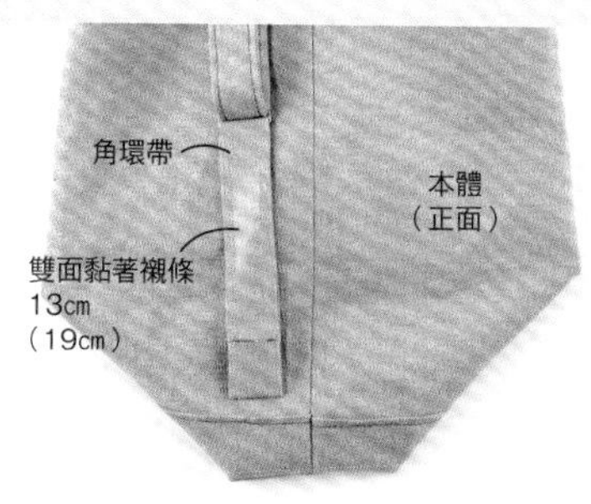
角環帶
本體
（正面）
雙面黏著襯條
13cm
（19cm）

❸另一側則將角環帶對準本體側邊，以雙面黏著襯條暫時固定。

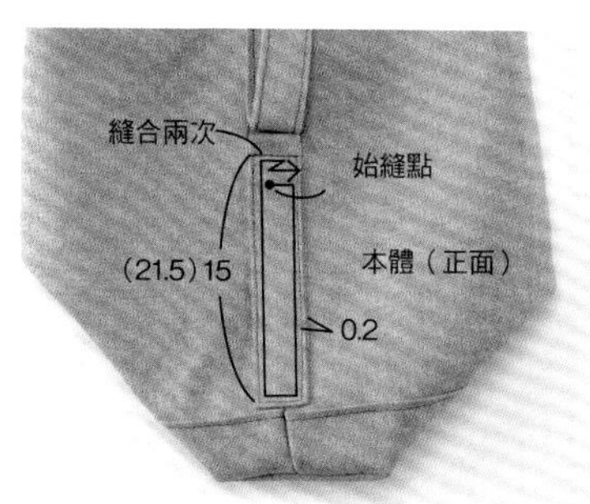
縫合兩次
始縫點
(21.5) 15
本體（正面）
0.2

❹角環帶部分也要縫合。

本體
（正面）

❺斜背肩帶縫合固定於本體上。

8. 縫製內袋

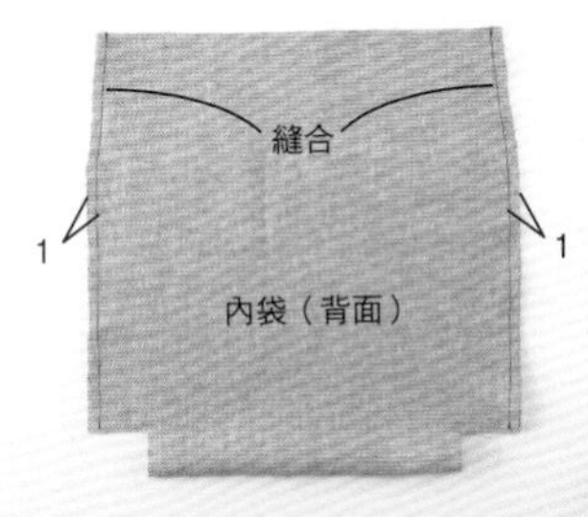
縫合
1
1
內袋（背面）

❶將內袋正面相對，縫合兩側側邊。

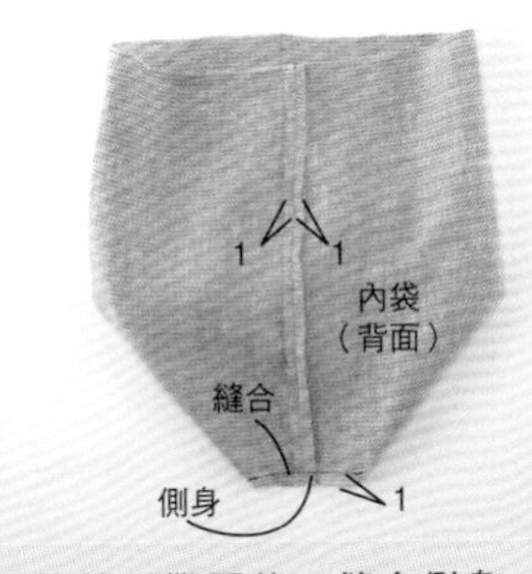
1
1
內袋
（背面）
縫合
側身
1

❷將側邊縫份攤開後，縫合側身。

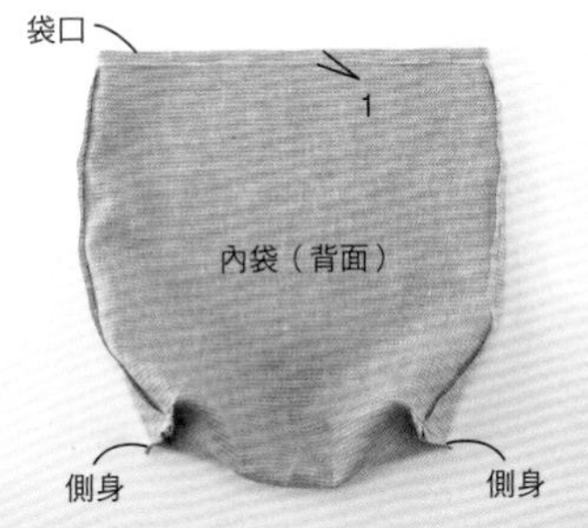
袋口
1
內袋（背面）
側身
側身

❸另一邊的側身也是以相同方式縫合，袋口的縫份往背面側摺疊。

9. 縫合本體與內袋

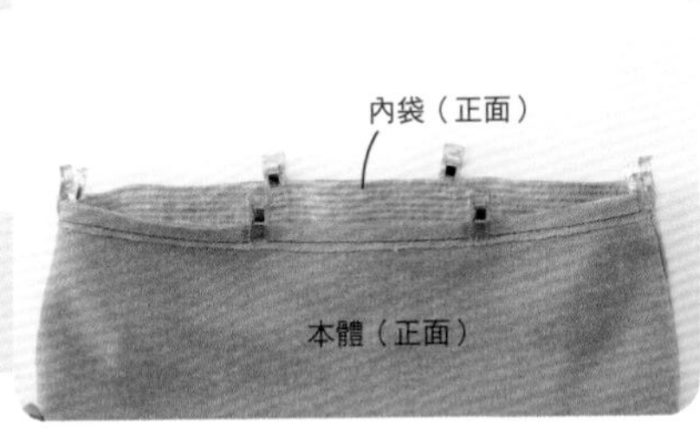
內袋（正面）
本體（正面）

❶將本體與內袋背面相對疊合，以強力夾暫時固定。

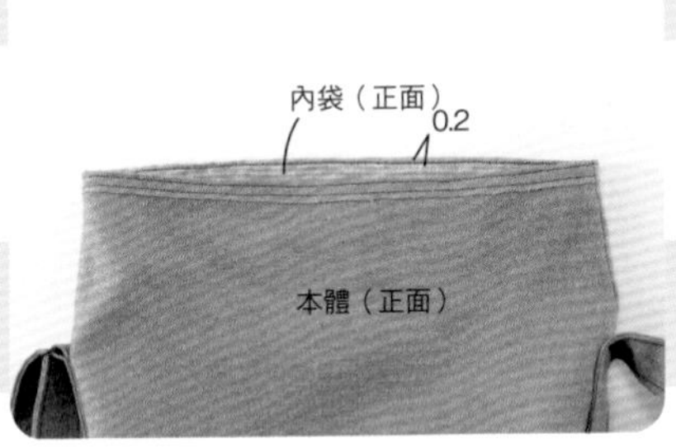
內袋（正面）
0.2
本體（正面）

❷縫合袋口。

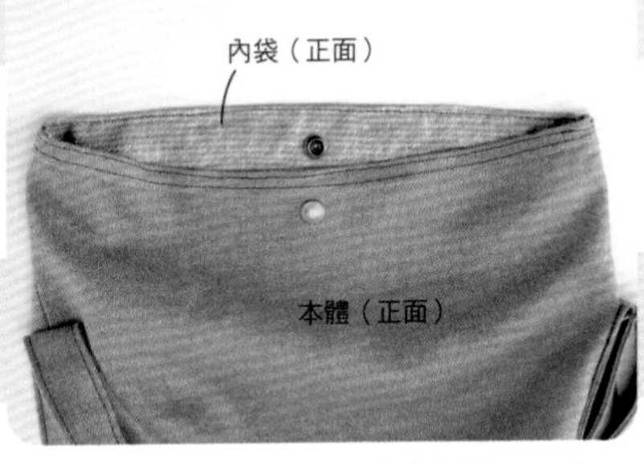
內袋（正面）
本體（正面）

❸於袋口處裝上四合釦（請參閱P.60）。

❹將袋口下摺即完成。

帆布小物袋

SMALL GOODS

帆布製的小物袋厚實耐用，可以隨意收納想裝入的小物品。盡情運用繽紛的色彩，體驗輕鬆製作的樂趣吧！

卡片夾

附有袋蓋的卡片夾
最適合選擇耐用的帆布來製作。
袋蓋部分使用與本體不同顏色的帆布，
再釘上雞眼釦，
就完成這款彷彿市售成品的卡片夾。

size 7×11㎝

how to make p.75

11

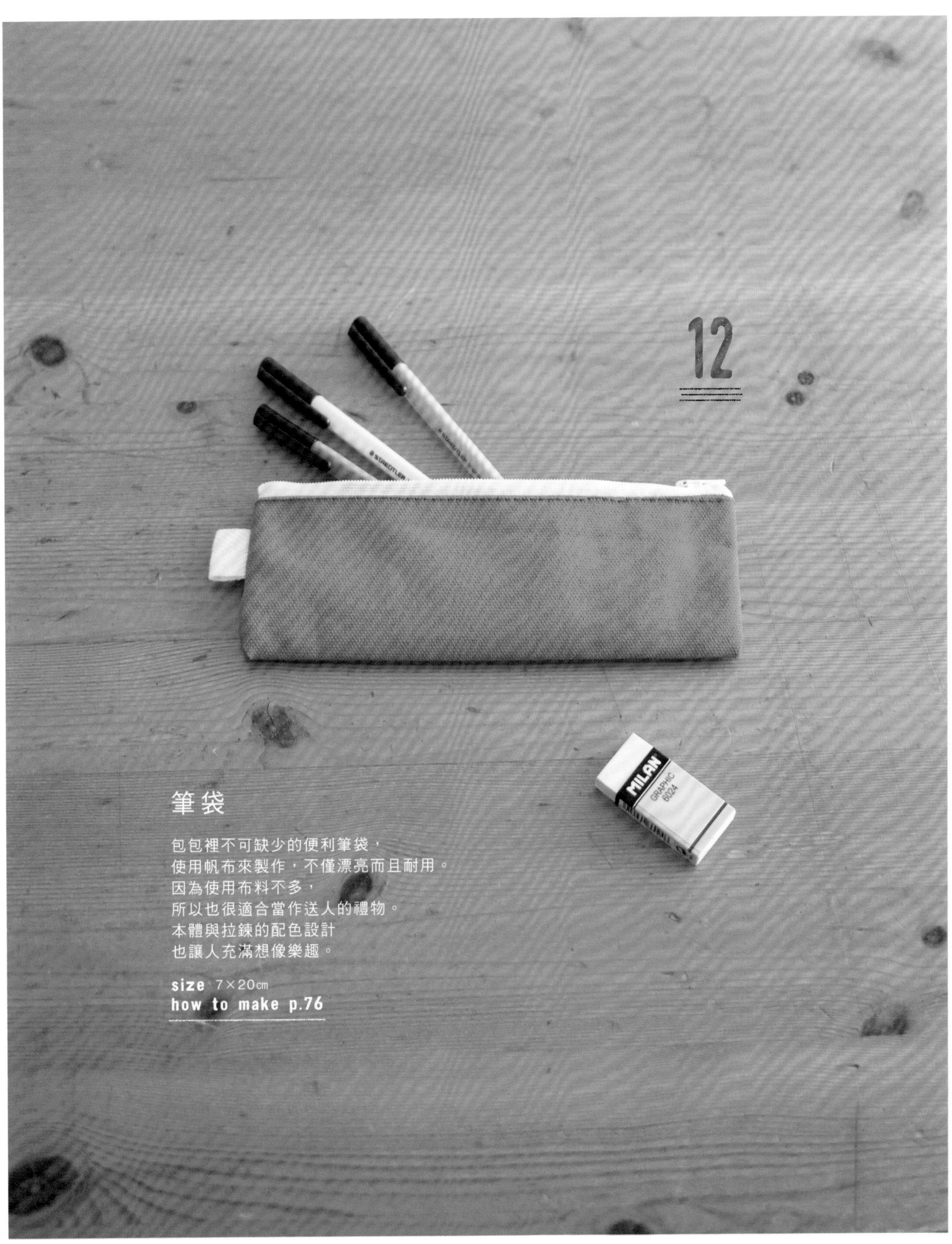

12
STAEDTLER
MILAN
GRAPHIC
6024

筆袋

包包裡不可缺少的便利筆袋，
使用帆布來製作，不僅漂亮而且耐用。
因為使用布料不多，
所以也很適合當作送人的禮物。
本體與拉鍊的配色設計
也讓人充滿想像樂趣。

size 7×20㎝
how to make p.76

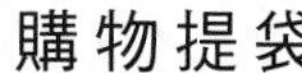

購物提袋

使用11號條紋帆布製成的購物提袋。
可以輕鬆收納任何物品的大尺寸容量，
相當方便實用。
提把選擇條紋中的一色來製作。
完成之後不妨先丟進洗衣機裡水洗，
可營造出一種自然的縐褶感。

size 48×47㎝
how to make p.80

13

14

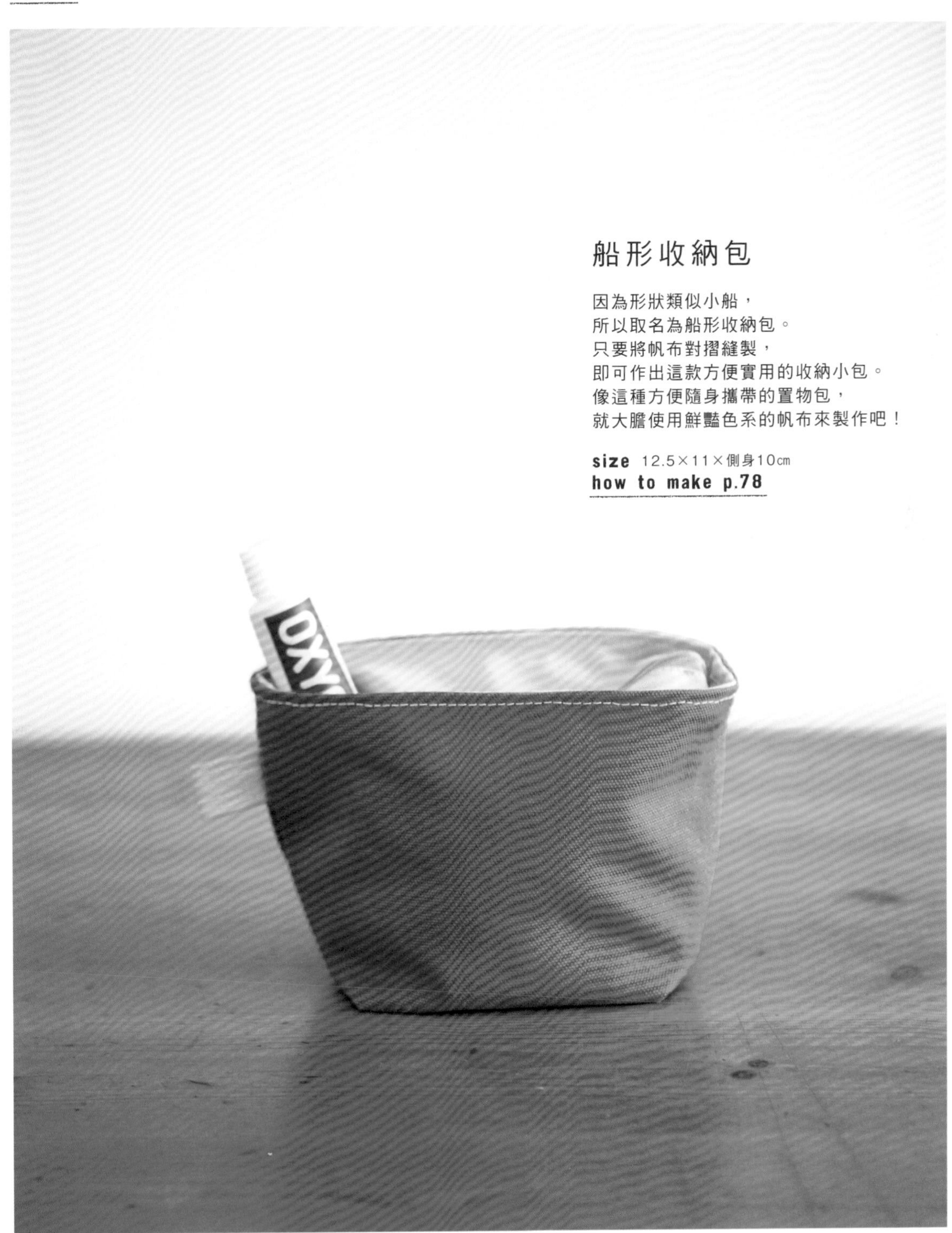

船形收納包

因為形狀類似小船，
所以取名為船形收納包。
只要將帆布對摺縫製，
即可作出這款方便實用的收納小包。
像這種方便隨身攜帶的置物包，
就大膽使用鮮豔色系的帆布來製作吧！

size 12.5×11×側身10cm

how to make p.78

15

1
3
marine

A4尺寸扁包

初學者也能輕易完成的
11號帆布製A4扁包。
不管是作為備用袋，
還是兒童用的袋子，都相當適合。
左邊是在彩色帆布上縫上不織布材質的圖樣，
右邊是加上內袋與外側口袋。

size 31×26cm
how to make p.80

>> A4SIZE BAG

袋面上以英文字或兒童喜愛的圖案加以點綴。

使用喜愛的
兩色帆布作出
多彩繽紛的作品！

16

扁平式肩背包

扁平式肩背包的作法相當簡單，
不妨選個自己喜愛的顏色，親手作作看吧！
袋口上的皮繩讓樣式簡約的包包有了裝飾變化，
斜背肩帶的長度能夠隨意調整，
所以也可以作為兒童用的包款。

size 24×21cm

how to make p.77

17

斜裁式托特包

採用一枚裁不收邊的作法，
使得這款斜裁式托特包給人可愛的印象。
除了仍具有帆布耐用的特色之外，
因為提把與本體皆以斜裁方式裁剪，
所以一枚裁即可製作完成。
白色的底色配上marine字樣，
清爽又俐落。

size 35×35×側身12cm
how to make p.102

marine
Limetti

一整年都讓人充滿快樂氣氛的超人氣海洋風，
也非常適合搭配丹寧素材。

MARINE BAG<<

海軍風圓筒包

以縫紉機將紅色條狀帆布
車縫拼接於白色本體上，
即完成這款橫條紋的海軍風圓筒包。
包包底部選用海軍藍帆布，
讓整個配色變成經典的法式風情。
不同配色組合能夠變換包包的整體印象，
這點是製作時的一大樂趣。

size 35×底直徑26㎝
how to make p.82

18

男用風格包款

MEN'S BAG

廣受歡迎的男用風格包款，但不限男性使用，
也能成為女性穿搭時的重點風格配件。

19

SÉLECTION

後背包

將束口袋型的本體加上口袋與肩背帶，
簡單俐落的後背包。
並以海軍藍×深棕色，搭配出男士包款的風格。

size 45×32×側身6cm
how to make p.84

>> **RUCKSACK**

超人氣的後背包，款式＆尺寸的設計都非常方便使用。

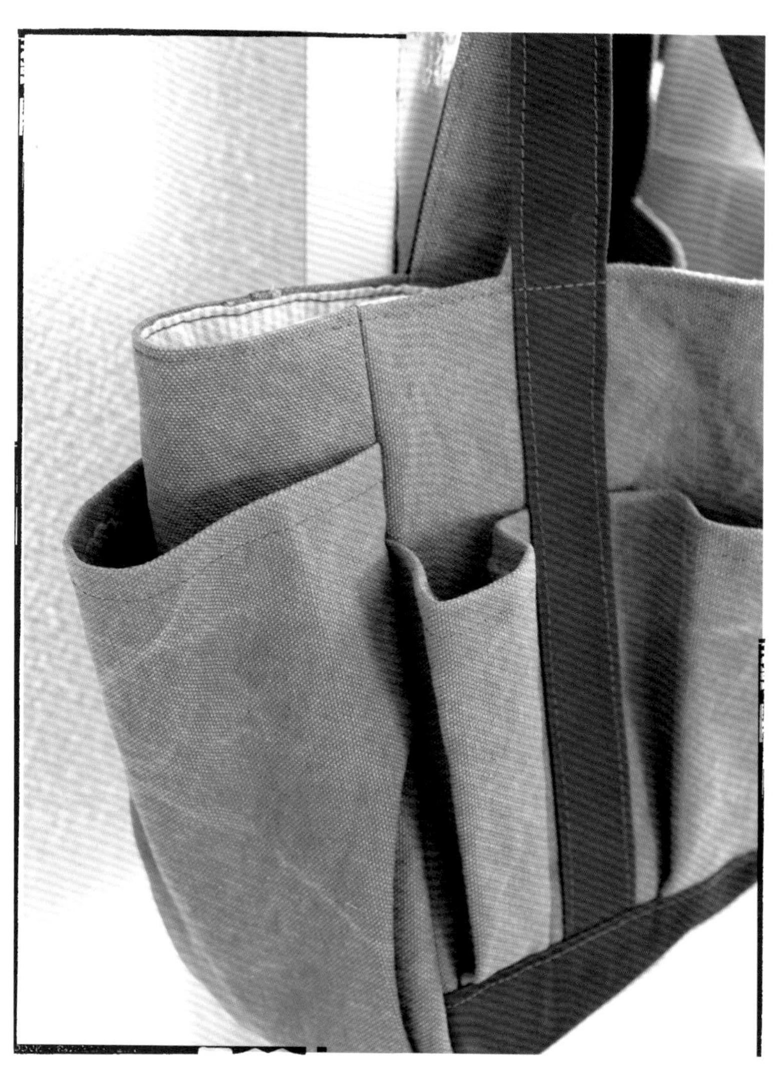

園藝工具袋

設計靈感來自於放置園藝工具的袋子，
所以稱為園藝工具袋。
本體與側身皆有口袋。
在考量縫製簡單度與設計之後，
選用條紋亞麻布作為內裡布。

size 25×30×側身13cm
how to make p.86

袋身上有許多褶襉設計的口袋！
不妨依照自己的喜好，
去選擇適合本體帆布的內裡布。

GARDEN BAG<<

20

21

>> **TRAVEL TOTEBAG**

旅行用托特包

以海軍藍搭上鮮黃色的時尚配色組合製作而成的大型托特包。
基本上，作法與P.4的托特包相同，
但為了不讓袋內物品露出來，特別於袋口部分加上束口設計。
下次旅行就將必要的用品收納其中，
帶著它一起去流浪吧！

size 35×39×側身17cm
how to make lesson p.86 63

該決定怎樣的配色呢？
以自我風格選擇配色
是手作最大的樂趣！

波士頓包

因為樣式簡單且收納容量很大，
波士頓包一直是非常受歡迎的包款。
這個作品的提把可以肩背，相當方便。
本體選用具有一定防水效果的石蠟加工帆布，當作日用包也非常便利。

size 30.5×41×側身15cm
how to make p.88

BOSTON BAG<<

兩側的四合釦可以打開，使包包呈現另一種樣貌。

22

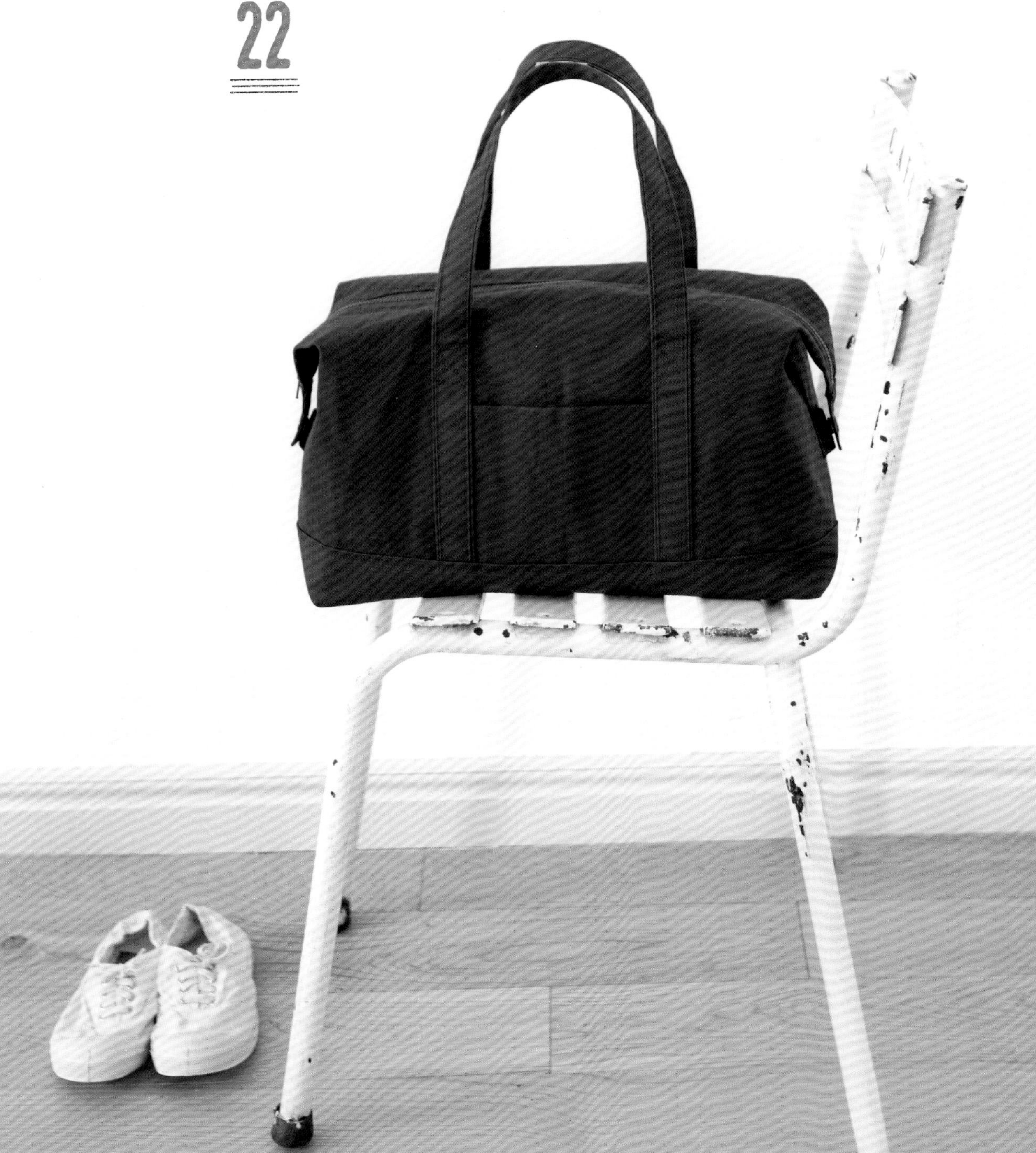

旅行袋

這款旅行袋使用了黑、白、灰三個顏色的帆布來製作。
作法與P.46的波士頓包相同，但容量尺寸比較大。
在縫製大型包款時，
記得先將車縫部分以外的布料盡量疊成小塊面積，
進行車縫時會比較好操作。

size 41.5×57×側身20cm
how to make p.88

23

關於帆布包

強韌且耐用的帆布能作出各式各樣的包款。
先在此認識帆布包的基礎知識＆包款種類吧！

包包的各部位名稱

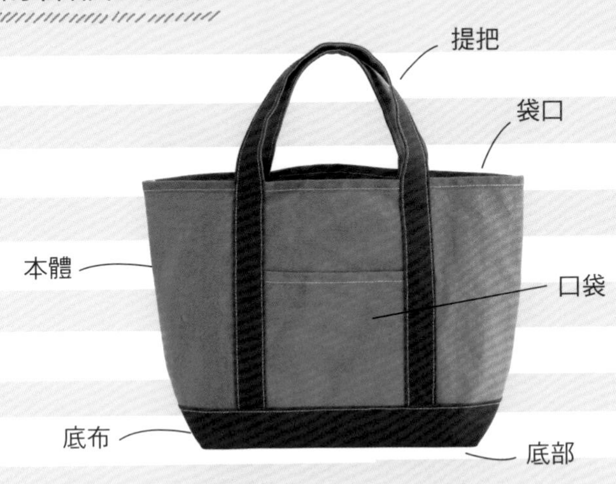
提把
袋口
本體
口袋
底布
底部

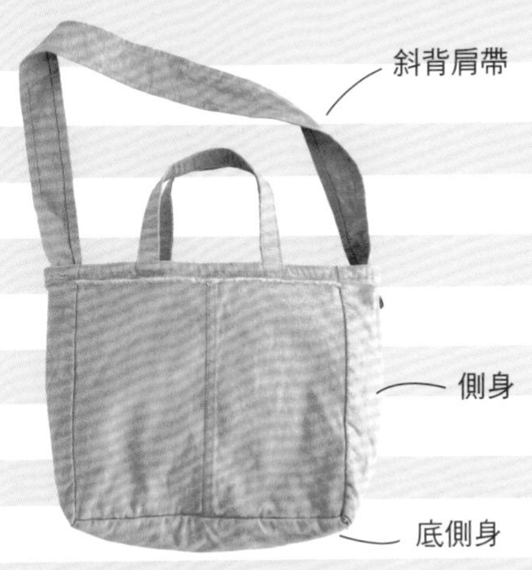
斜背肩帶
側身
底側身

包包的種類

這些是於本書登場的幾個主要包款。不妨視個人用途，動手製作看看吧！

托特包

水桶托特包

環保袋

兩用包

後背包

水餃包

波士頓包

園藝工具包

日常實用帆布包

LIFE WITH CANVAS

帆布包的日常生活應用提案——在此將介紹宛如擺設在雜貨屋販售的時尚帆布包款。

24

水餃包

水餃包的特色是
往袋口方向大大開展的可愛外形。
本體使用條紋的麻質帆布，
皮革提把則簡單地以鉚釘釦固定。

size 25×54×側身12cm
how to make p.90

蛋糕盒專用包

以可以將蛋糕盒直接放入的想法為出發點，
所設計出的這款蛋糕盒專用包。
底部特地設計成接近正方形，
筒狀的袋型即使作為日常用的包包也非常可愛。
用來搭配手工蛋糕的伴手禮是最棒的！
Happy Birthday！

size 38×30×側身28cm
how to make p.92

25

26

>> ECO BAG

環保購物袋

購物不可或缺的環保購物袋，製作方式相當簡單。
表布與內裡布各自選用不同的布料裁剪完成，
然後縫合側邊與側身、提把。
提把部分以斜布條滾邊即完成。
另外，直條紋部分可以先以紙膠帶貼住不需要著色之處，
再以筆刷沾取顏料上色。
切記，塗色步驟需在袋子縫合之前完成。

size 32×39×側身18㎝
how to make p.94

以塗刷上色方式自由畫上創意圖樣！
手繪呈現另一種塗鴉味道。

CD收納包

可以收納CD的可愛收納包。
選用材質較為硬挺，
經過石蠟加工的10號帆布。
側身特意設計得比較厚實，
加上提把與袋口的袋蓋，
可以直接提著移動，
不管是帶著到別的房間或車上都相當方便。

size 15.5×22×側身13.5cm
how to make p.96

27

配合自己的房間風格選色，

會更有趣！

28

書本收納包

這款書本收納包不僅可放書本、雜誌，
也可以放入玩具，算是非常多用途的箱型包款。
除了提把之外，側身的部分還加上了方便拉取的側拉片。
本體選擇較厚的8號帆布，
底布與裡布則使用11號帆布。

size 25×34×側身24.5cm
how to make p.98

洗衣籃

使用白色8號帆布搭配亞麻布標籤的洗衣籃，
因為容量大，不僅能夠放入床單、毯子，
也能用來放各種洗滌衣物，用途相當多元。
本體袋口部分為束口設計，
內層的內袋為活動式，以魔鬼氈固定，
可以隨時取下。

size 45×38×側身38cm
how to make p.100

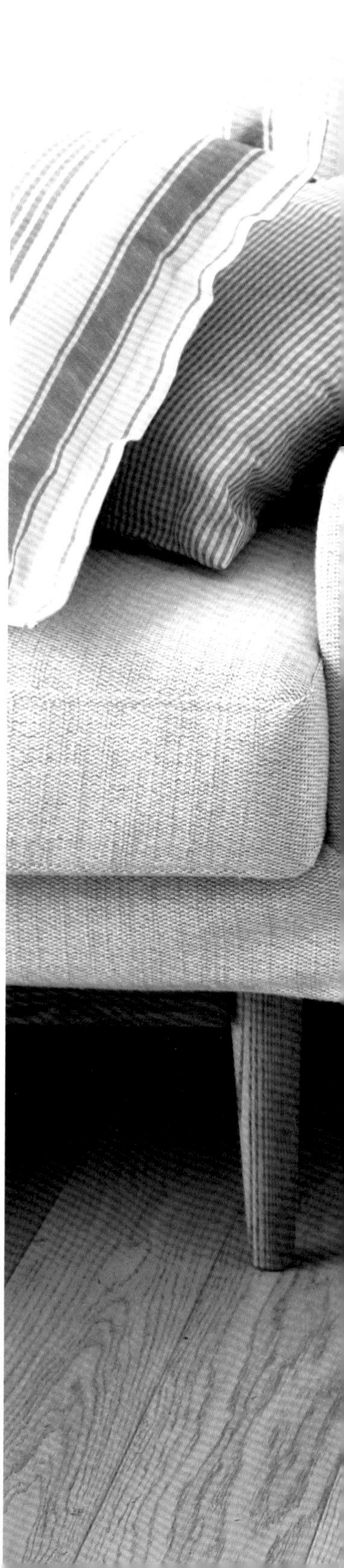

LAUNDRY BAG <<

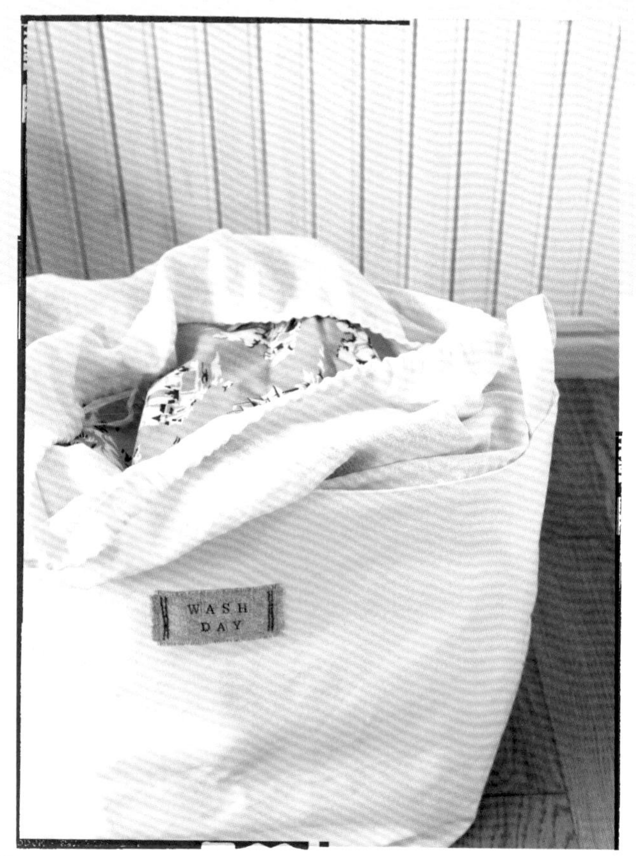
WASH
DAY

潔淨的白色
配上蓋印的標籤布，
成為設計重點！

29
WASH
DAY

帆布包的基礎筆記

關於帆布

帆布種類

所謂的帆布是使用棉線平織而成的布料，因為材質厚實耐用，所以多半用於船帆或墊子、帳篷等用途。隨著織線不同，厚度也不一樣，一般以號數來區分。數字越小，代表帆布厚度越厚。現在作為手工材料的帆布，種類選擇相當多，有石蠟加工，或是酵素洗加工等，讓帆布呈現較為柔和的面貌。雖然每家生產的帆布多少有所差異，不過一般家用縫紉機適用的主要是8號、9號、10號、11號。由於正反兩面差別不大，所以就選擇自己覺得漂亮的那一面使用即可。

8號帆布

是家用縫紉機可以車縫的厚度中最厚的號數，所以非常強韌。因為較具厚度，車縫時必須特別注意縫份重疊的部分。

10號帆布

家用縫紉機可以順利車縫的厚度。多半使用在製作包包的本體部分，用途相當廣泛。

11號帆布

是厚度較薄的帆布，家用縫紉機就可以輕鬆車縫。適合用在製作輕便包款，或是與8號、10號組合作為提把，非常方便。

石蠟加工（Paraffin）的10號帆布

具有適度的防水性，可以防止水分滲進布料裡。另外因為具一定的硬挺度，所以適合用來製作可以立起成型的包款。

酵素洗加工的8號帆布

酵素洗是一種營造古著二手感的加工方式，這種加工法讓8號帆布呈現了柔和又獨特的風貌。

印花帆布

於帆布上印製圖案花色。突顯出印花的效果，能作出非常漂亮的包款。

麻質帆布

麻質的帆布。帶有自然的魅力。雖然質地較硬挺，不過因為具備彈性，所以家用縫紉機可以輕鬆車縫。

關於布紋

布邊到布邊（寬度）稱為橫布紋，與布邊相平行的布紋則稱為直布紋。而從布料的45度角處裁剪的斜布紋，這樣剪下的布料是最有伸縮性的。

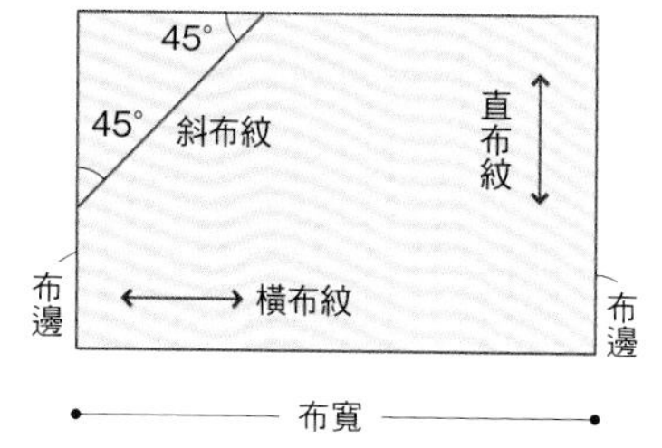
45°
45°
斜布紋
直布紋
布邊
橫布紋
布邊
布寬

關於布邊

布寬的兩端稱為布邊。除了一般的布邊（如右圖），有時候不同的帆布也會有不需要收邊的布邊。

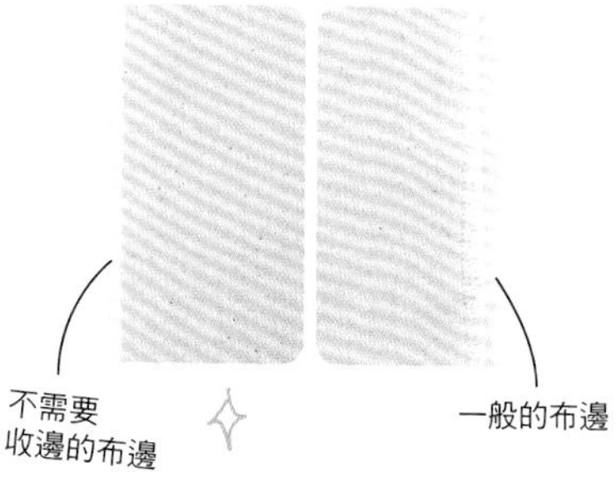
不需要收邊的布邊
一般的布邊

記號線的描繪方式・布料的裁剪方式

製作帆布包時，因為都是直線版型，所以不需要紙型輔助，只要直接於布料上面描繪記號線，直接裁剪即可。而布料的配置方式，即使是相同款式的包包，所需布料的量也有可能不同。配置與裁剪時盡量依據布料原有的特性去決定，才不會造成浪費。為避免裁剪時左右兩邊走位，剪刀最好以滑動方式來裁剪。

❶以直尺與消失筆在布料上描繪記號線。

❷盡量避免浪費，將記號線緊密地畫在一起。

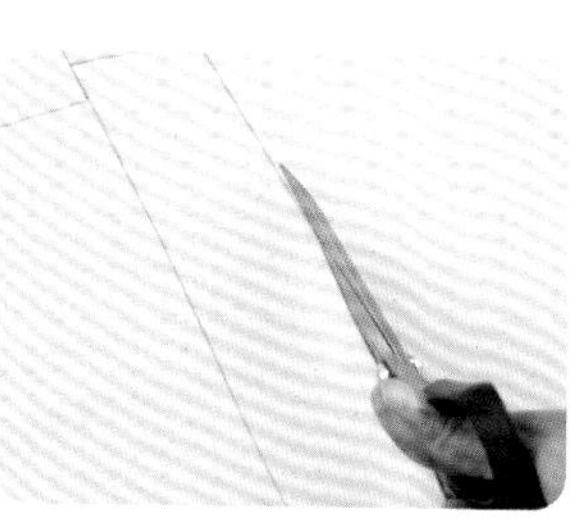

❸以剪刀裁剪。

縫份

除了特別指定的情況之下，縫份皆為1㎝。盡量使其不重疊地攤開兩邊縫份，或是運用布邊來製作。

單一重點課程

關於熨燙

要將帆布摺出線條時，使用骨筆會比使用熨斗熨燙的效果來得好。有時要攤開壓平兩片縫合的帆布縫份時，也會以骨筆來操作。

骨筆

攤開兩邊縫份時，可以使用骨筆來壓平定型。

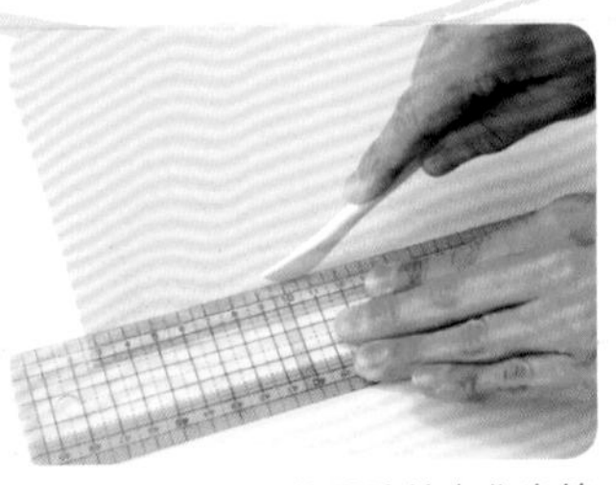

使用骨筆在畫好的記號線上作出線痕，之後再以手摺出縫份。

織帶

織帶用來作為帆布縫份的收邊。一般準備2至3㎝寬的織帶，包捲住整個縫份。市面上有各式各樣不同顏色的織帶，方便消費者依照作品來選擇。

織帶

❶織帶前端摺疊2㎝，再對摺整條帶子。

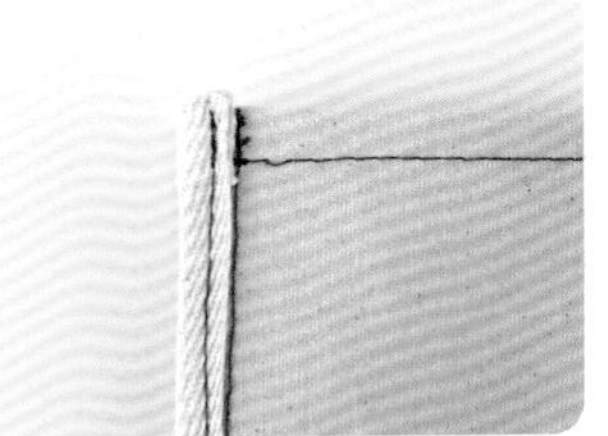

❷包捲整個縫份，縫合固定。

雙面黏著襯條

需要暫時固定帆布時，基本上不使用珠針，使用雙面黏著襯條會比較方便。

ナイスタック
03
両面テープ
雙面黏著襯條

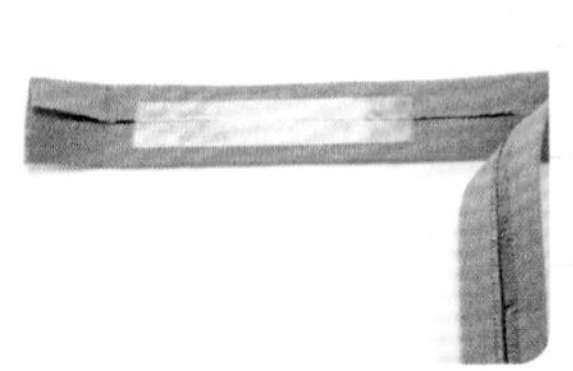

★黏貼的時候盡量避開車縫處（車針一旦碰到雙面黏著襯條，會變得難以車縫），完成後也不需撕除。

帆布厚度

帆布雖然強韌耐用，但重疊片數多的時候，必須注意家用縫紉機是否可以車縫。
在此就試著比較薄的11號帆布與較厚的8號帆布，兩者厚度的差異。

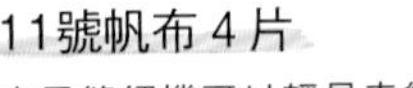

11號帆布 4 片

家用縫紉機可以輕易車縫的厚度。

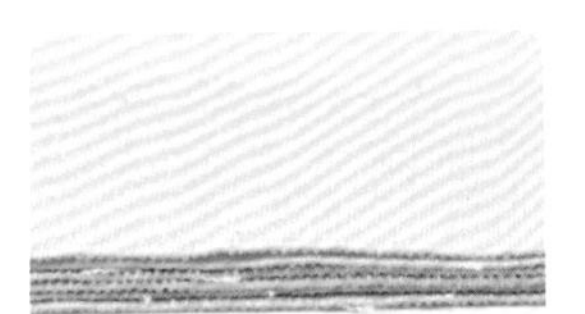

11號帆布 6 片

家用縫紉機必須緩慢移動車縫的厚度。

8 號帆布 4 片

家用縫紉機必須緩慢移動車縫的厚度。

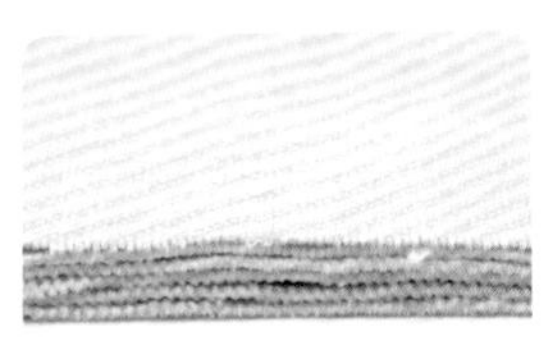

8 號帆布 6 片

這樣厚實的厚度以家用縫紉機車縫時，必須以錐子壓住慢慢往前推進車縫。

金屬零件的裝法

雞眼釦

雞眼套片
雞眼釦腳

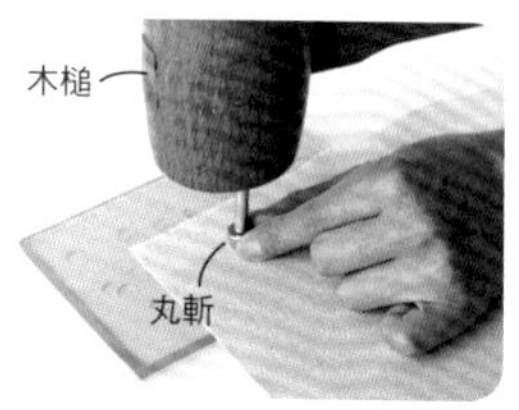
木槌
丸斬

❶在預定打洞的位置作記號，將丸斬對準打洞記號，以木槌敲打丸斬。

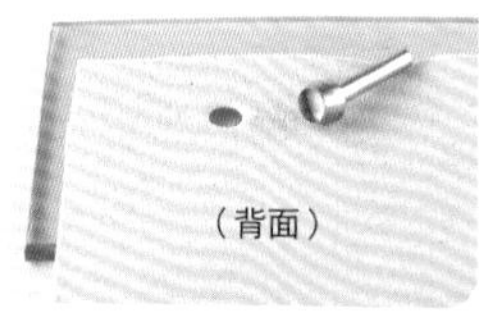
（背面）

❷打洞完成。

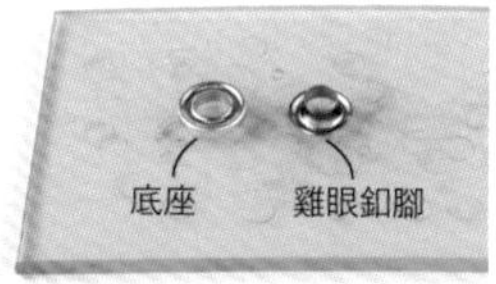
底座
雞眼釦腳

❸準備底座與雞眼釦腳。

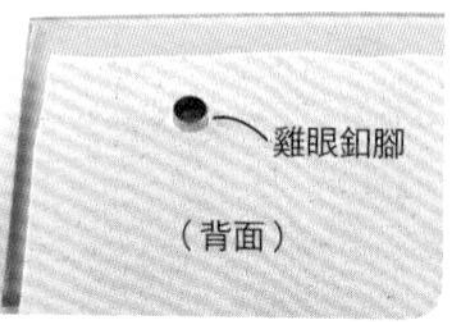
雞眼釦腳
（背面）

❹在橡膠板上依序放上底座、雞眼釦腳、帆布。

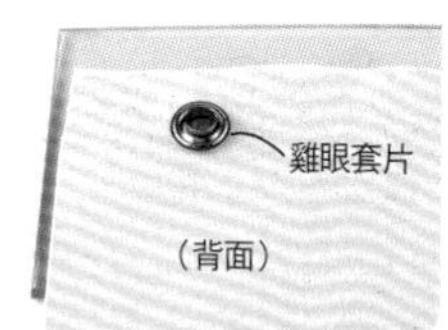
雞眼套片
（背面）

❺在雞眼釦腳上裝上雞眼套片。

❻將打具放於雞眼上，以木槌敲打。

❼雞眼組裝完成。

鉚釘釦

面釦
腳釦

❶在預定裝上鉚釘的位置上作記號，進行打洞。

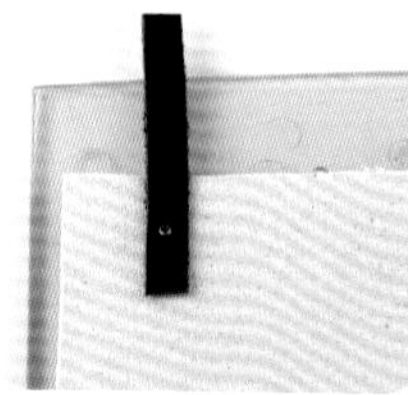

❷在橡膠板上依序放上鉚釘腳釦、帆布、提把。

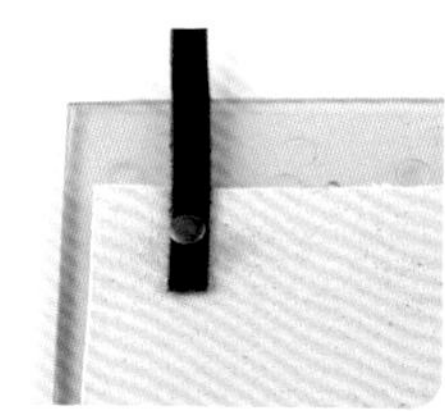

❸裝上鉚釘面釦。

❹將打具放於鉚釘上，以木槌敲打。

正面
背面

❺鉚釘組裝完成。

四合釦

凸釦
凹釦

底座
凸釦

❶與上面的鉚釘組裝方式相同，在帆布的預定打洞位置上打出一個洞孔，接著準備四合釦的凸釦與底座。

❷在橡膠板上依序放上底座、四合釦凸釦、帆布。

❸再放上四合釦凹釦與打具，以木槌敲打固定。

❹四合釦的凹釦（母）組裝完成。另一邊的凸釦（公）也是以相同方式組裝。

製作工具

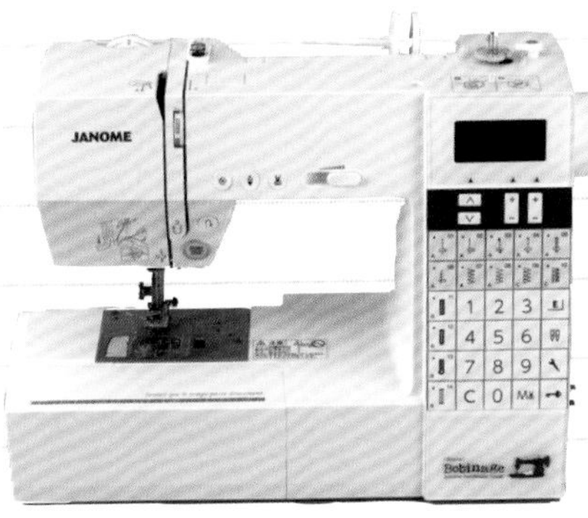
JANOME

縫紉機
兼具直線與鋸齒線車縫的功能就沒問題了。此外，若還附有厚布專用壓布腳會比較方便。

車線
適合厚帆布的車線為30號線。不管是搭配布料顏色，或是想作為設計重點色而選擇特別的色彩，請自由挑選吧！

#30

#30

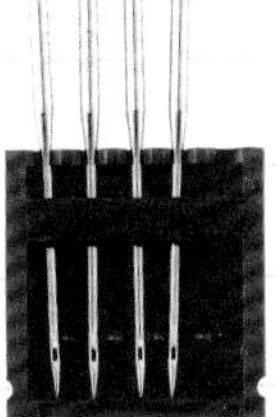

車針
因為帆布比一般棉布較厚，所以使用的是14號車針。

剪刀
如果能同時準備布剪、線剪，與細部用的剪刀，會更理想。

強力夾
暫時固定帆布的小工具不是珠針，而是強力夾。

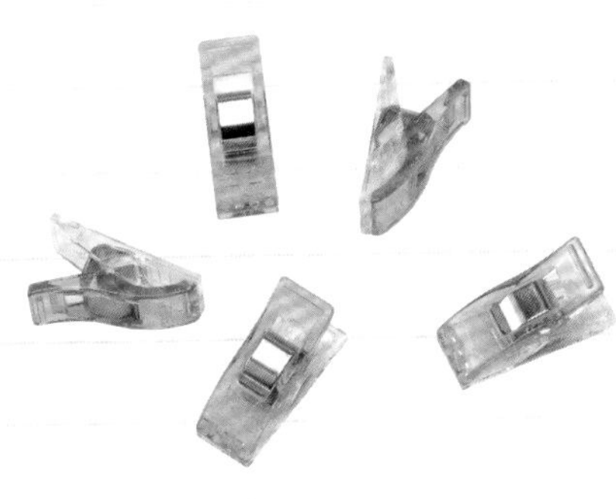

直尺
以消失筆於布料上作記號，或是以骨筆劃出褶痕時使用。最好準備上面附有平行線的方格尺，比較便於使用。

錐子
用於細部作業，或是在使用縫紉機時，輔助布料往前推送。

拆線器
可拆掉已縫製的車線。

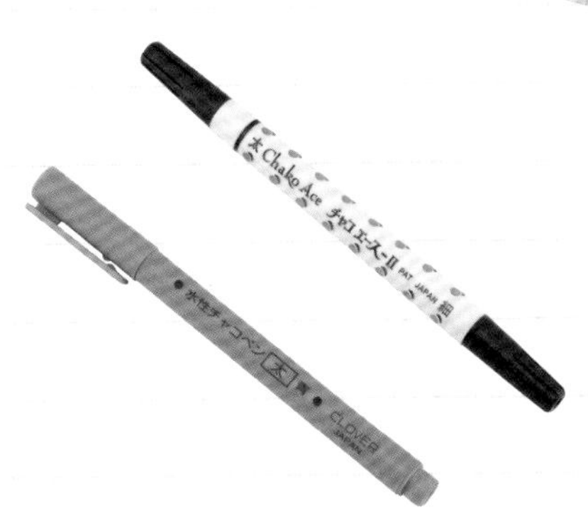

消失筆
在布料上作記號時使用。噴水或是時間一久，畫過的記號就會消失，有各式各樣的種類。

關於縫線針目
本書作品的縫線針目為配合布料厚度與設計，通常使用比一般縫紉用的略大3至4mm。不妨試著調節一下自己的縫紉機吧！

how to make

製作方法

- 圖中的尺寸單位皆為公分（cm）。
- 帆布包製作的基礎筆記請見P.58，關於基本的縫合方法請參閱P.8起的部分。
- 作品完成尺寸即是製圖上的標示尺寸。但有可能因為縫合方法與布料厚度等因素，而有所差異。
- 想將多片布料暫時固定時，不使用珠針而是採用強力夾或雙面黏著襯條。
- 車縫較多層布料時，為避免車針因此斷裂，請放慢車縫速度，以錐子將布料慢慢往前推送。

02 基本款托特包M photo p.5

材料
本體・提把裡布・口袋
…10號卡其色石蠟加工帆布50cm×125cm
底布・提把表布…11號深咖啡色帆布100cm×50cm
寬2cm織帶 110cm
雙面黏著襯條 適當長度

完成尺寸
30×33×側身15cm

製作方法
請參閱P.8起的部分

10號帆布（卡其色）

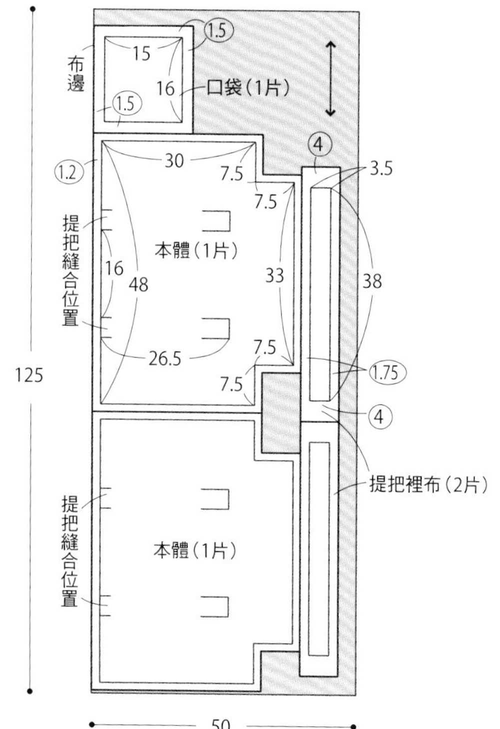

布邊
15
1.5
16
口袋（1片）
1.5
4
1.2
30
7.5
7.5
3.5
提把縫合位置
16
48
本體（1片）
33
38
7.5
26.5
7.5
1.75
4
125
提把裡布（2片）
提把縫合位置
本體（1片）
50

裁布圖

※○中的數字為縫份，除標示處之外，其餘縫份皆為1cm

11號帆布（深咖啡色）

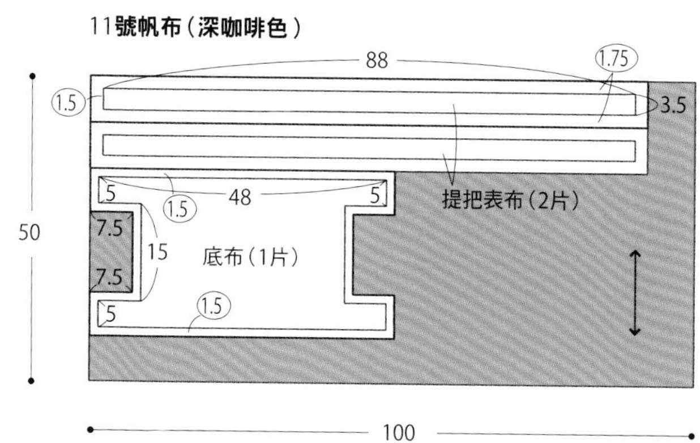

88
1.75
1.5
3.5
5
48
5
1.5
提把表布（2片）
50
7.5
15
底布（1片）
7.5
1.5
5
100

21 旅行用托特包 photo p.44

材料

本體・提把裡布・口袋
…10號海軍藍石蠟加工帆布60㎝×140㎝
底布・提把表布・袋口束口布
…11號黃色帆布110㎝×80㎝
寬2㎝織帶 130㎝
束口繩 250㎝ 雙面黏著襯條 適當長度

完成尺寸

35×39×側身17㎝

製作方法

請參閱P.8起的部分，以相同方式製作，最後再加上束口布設計。

★束口布的製作方法

1. 以Z字形車縫布料周圍一圈。
2. 正面相對疊合兩片束口布，在兩側邊進行回針縫至止縫點為止。
3. 縫合縫份攤開的開口。
4. 袋口三摺邊，作成繩子穿過的部分。
5. 摺疊下方的縫份。
6. 將本體袋口與束口布下方重疊後，縫合袋口。最後將繩子穿過去。

裁布圖

10號帆布（海軍藍）

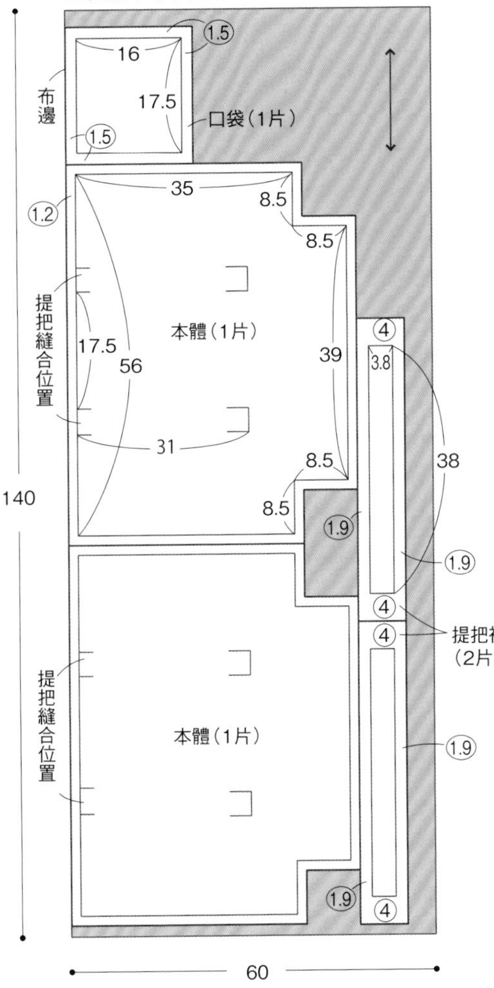

布邊
16
17.5
1.5
口袋（1片）
35
8.5
1.2
提把縫合位置
17.5
56
本體（1片）
39
31
140
3.8
4
38
1.9
提把裡布（2片）
本體（1片）
60

11號帆布（黃色）

提把表布（2片）
1.9
3.8
97
1.5
5.5
8.5
17
4.5
止縫點
80
56
底布（1片）
袋口用束口布（1片）
袋口用束口布（1片）
1.2
4.5
25
110

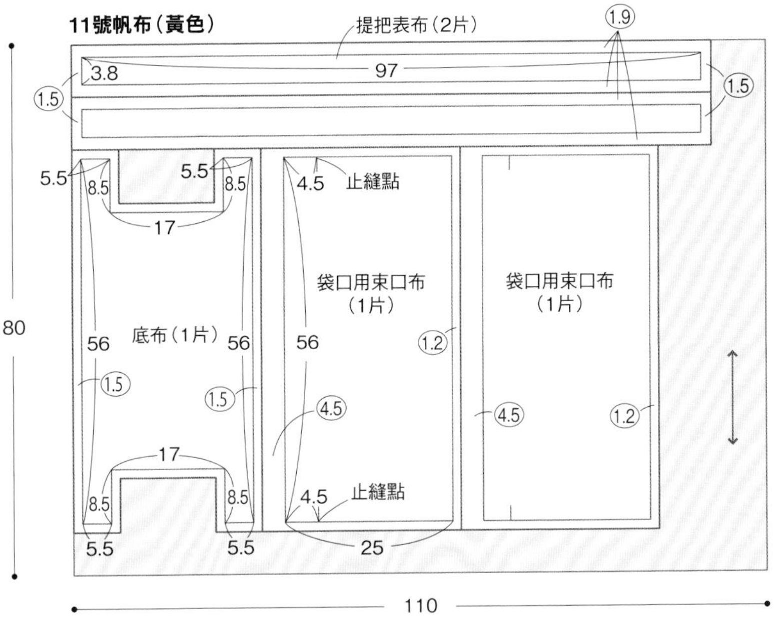

※○中的數字為縫份，除標示處之外，其餘縫份皆為1㎝

<束口布的製作方法>

1. 周圍進行Z字形車縫處理

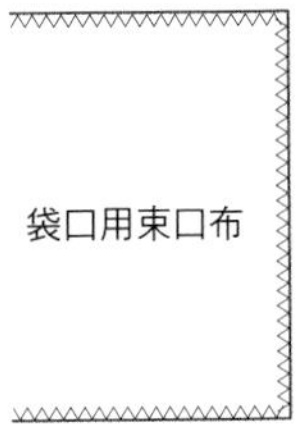

袋口用束口布

2. 縫合側邊

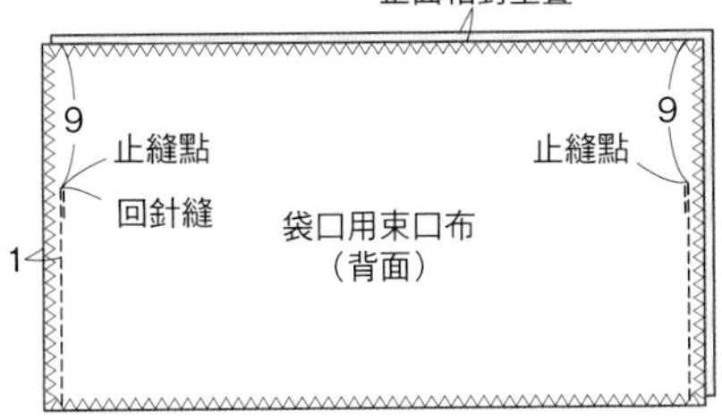

正面相對重疊
9
止縫點
回針縫
袋口用束口布（背面）
1

3. 止縫穿繩口縫份

縫合（背面）
0.5
回針縫
攤開縫份

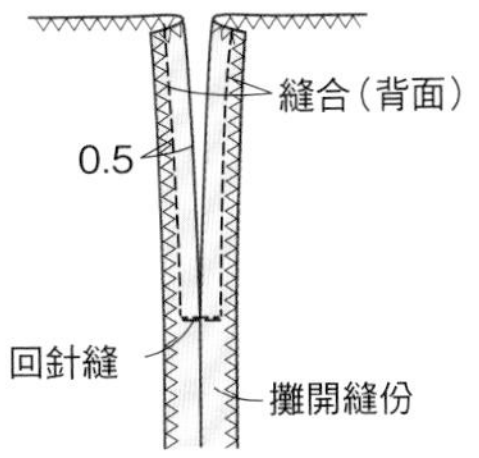

4. 製作繩子穿過的部分

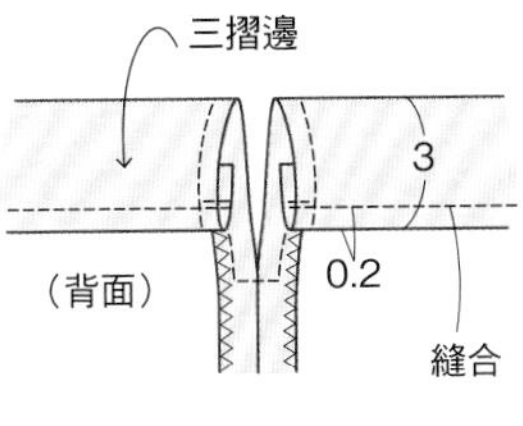

三摺邊
3
（背面）
0.2
縫合

5. 摺疊下方縫份

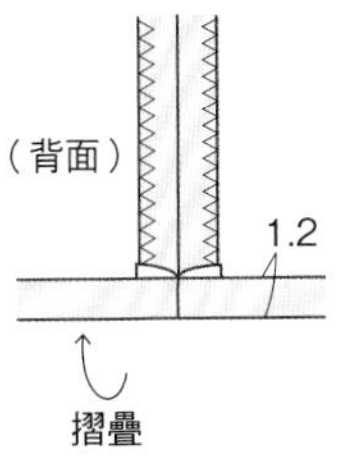

（背面）
1.2
摺疊

6. 在本體袋口接縫束口布

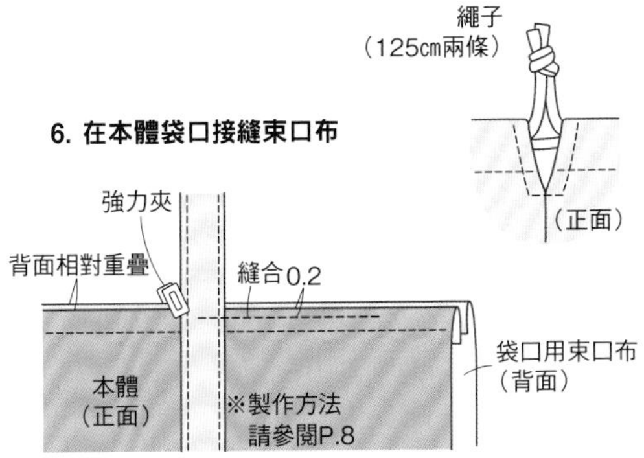

繩子（125㎝兩條）
（正面）
強力夾
背面相對重疊
縫合0.2
本體（正面）
※製作方法請參閱P.8
袋口用束口布（背面）

04 縱長型托特包 M・L

photo p.6

材料 ※（　）內為L尺寸

本體・口袋

…10號綠色（原色）石蠟加工帆布112cm×40（45）cm

底布・拉鍊口布・提把・裝飾布

…11號黃色（藏青色）帆布112cm×40（55）cm

長33.5（36.5）cm黃色（白色）拉鍊1條

寬2cm人字紋織帶110cm（共通）

完成尺寸

M…30×23×側身12cm　L…38×26×側身12cm

製作方法

1. 將拉鍊接縫於拉鍊口布上。
2. 製作提把。
3. 製作口袋・裝飾布。
4. 縫合本體底部後，摺疊並縫合袋口，疏縫口袋・裝飾布，再縫上提把，並接縫底布。
5. 縫合兩側側邊＆袋底側身。
6. 將拉鍊口布縫合在本體上。

裁布圖

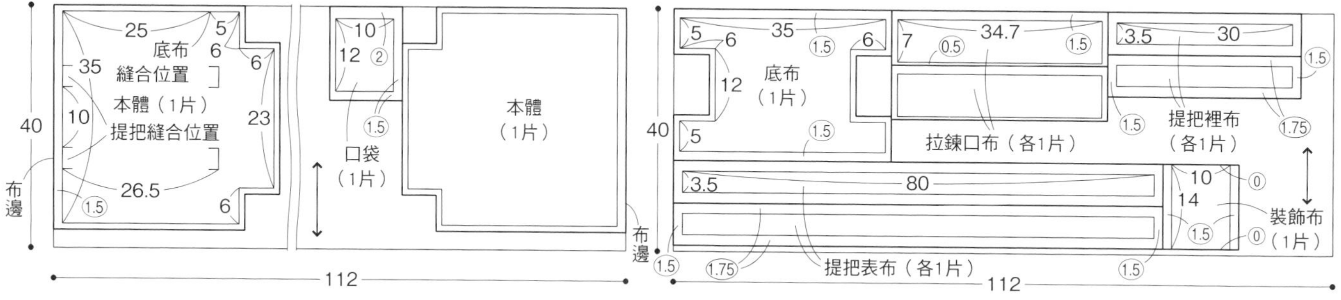

（M尺寸）10號 石蠟加工帆布（綠色）
25
5
6
底布
縫合位置
35
本體（1片）
10
提把縫合位置
23
26.5
40
布邊
10
12
口袋
（1片）
本體
（1片）
112
（M尺寸）11號帆布（黃色）
35
底布
（1片）
12
34.7
拉鍊口布（各1片）
30
3.5
提把裡布
（各1片）
80
提把表布（各1片）
10
14
裝飾布
（1片）
112

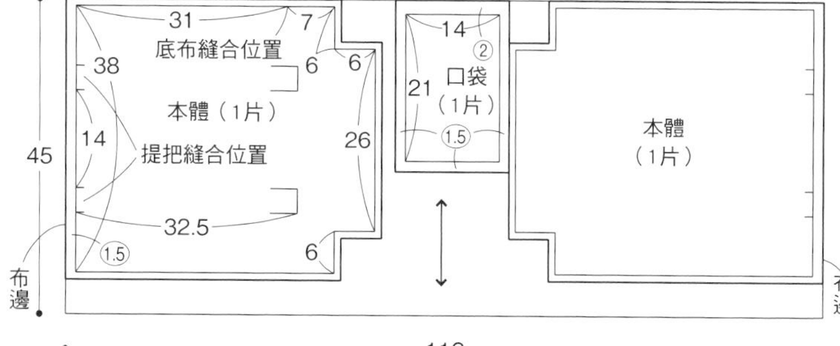

（L尺寸）10號 石蠟加工帆布（原色）
31
7
底布縫合位置
38
本體（1片）
14
提把縫合位置
26
32.5
45
布邊
14
21
口袋
（1片）
本體
（1片）
112

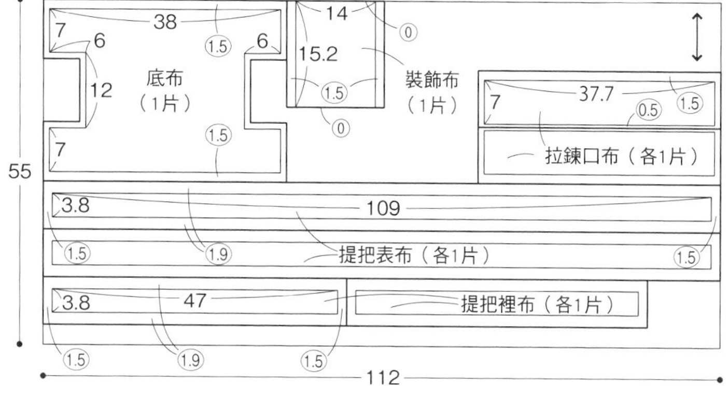

（L尺寸）11號帆布（藏青）
38
底布
（1片）
12
14
15.2
裝飾布
（1片）
37.7
拉鍊口布（各1片）
55
3.8
109
提把表布（各1片）
47
提把裡布（各1片）
112

※○中的數字表示縫份，除標示處之外，其餘縫份為1cm

1. 將拉鍊接縫於拉鍊口布上

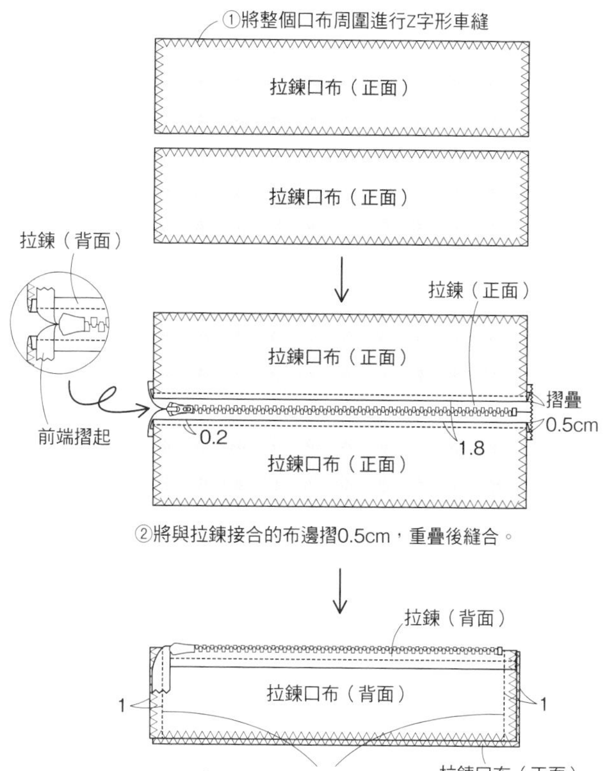

①將整個口布周圍進行Z字形車縫
拉鍊口布（正面）
拉鍊口布（正面）
拉鍊（背面）
拉鍊（正面）
前端摺起
摺疊
0.5cm
0.2
1.8
②將與拉鍊接合的布邊摺0.5cm，重疊後縫合。
拉鍊（背面）
拉鍊口布（背面）
③正面相對重疊後縫合側邊
拉鍊口布（正面）

2. 製作提把

※●提把作法亦可參照p.10步驟圖解。

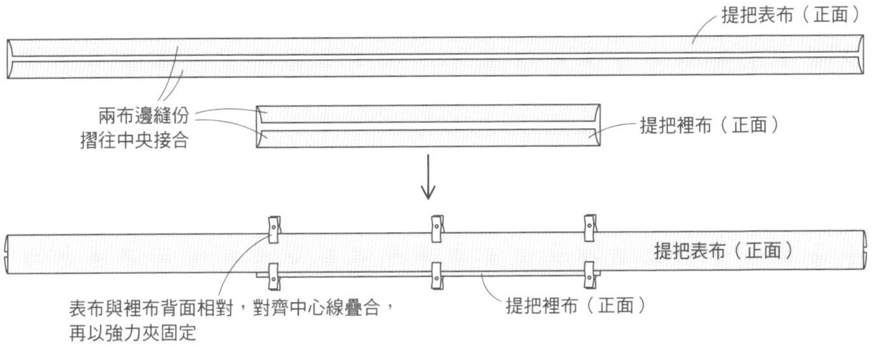

提把表布（正面）
兩布邊縫份摺往中央接合
提把裡布（正面）
提把表布（正面）
表布與裡布背面相對，對齊中心線疊合，再以強力夾固定
提把裡布（正面）

3. 製作口袋・裝飾布

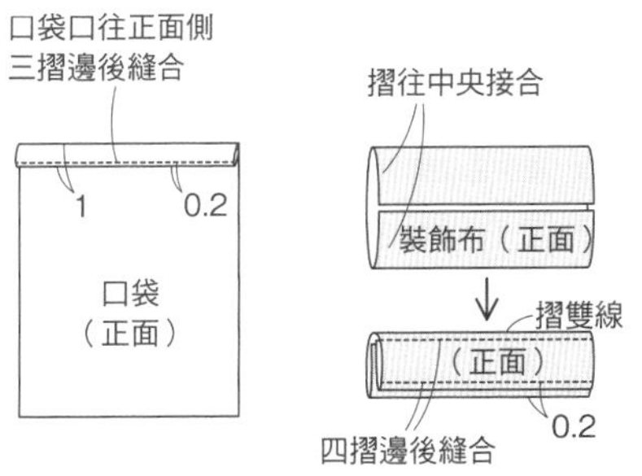

口袋口往正面側三摺邊後縫合
1
0.2
口袋（正面）
摺往中央接合
裝飾布（正面）
摺雙線
（正面）
0.2
四摺邊後縫合

4. 縫合本體底部後，摺疊並縫合袋口，疏縫口袋・裝飾布，再縫上提把，並接縫底布

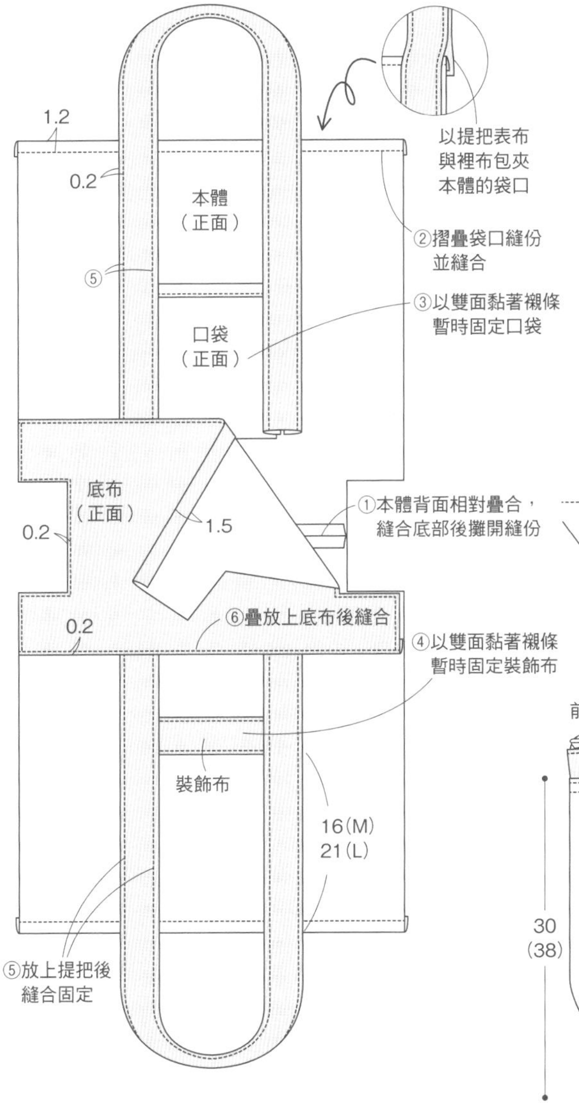

1.2
0.2
本體（正面）
以提把表布與裡布包夾本體的袋口
②摺疊袋口縫份並縫合
⑤
③以雙面黏著襯條暫時固定口袋
口袋（正面）
底布（正面）
1.5
0.2
①本體背面相對疊合，縫合底部後攤開縫份
0.2
⑥疊放上底布後縫合
④以雙面黏著襯條暫時固定裝飾布
裝飾布
16(M)
21(L)
⑤放上提把後縫合固定

5. 縫合兩側側邊＆側身

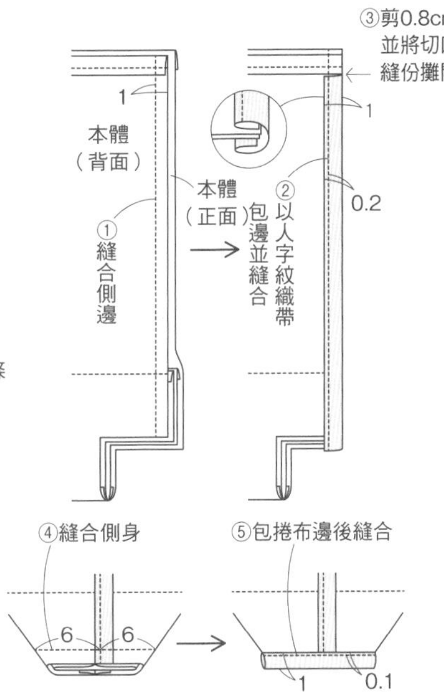

1
本體（背面）
①縫合側邊
本體（正面）
③剪0.8cm切口，並將切口上方縫份攤開
1
②以人字紋織帶包邊並縫合
0.2
④縫合側身
6
6
⑤包捲布邊後縫合
1
0.1

6. 將拉鍊口布縫合在本體上

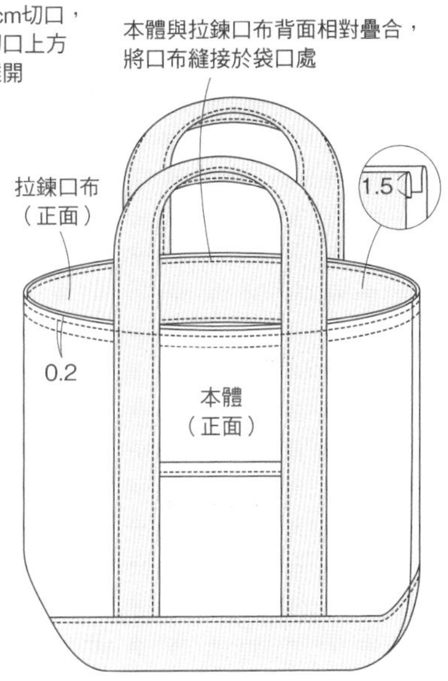

本體與拉鍊口布背面相對疊合，將口布縫接於袋口處
拉鍊口布（正面）
1.5
0.2
本體（正面）

完成圖

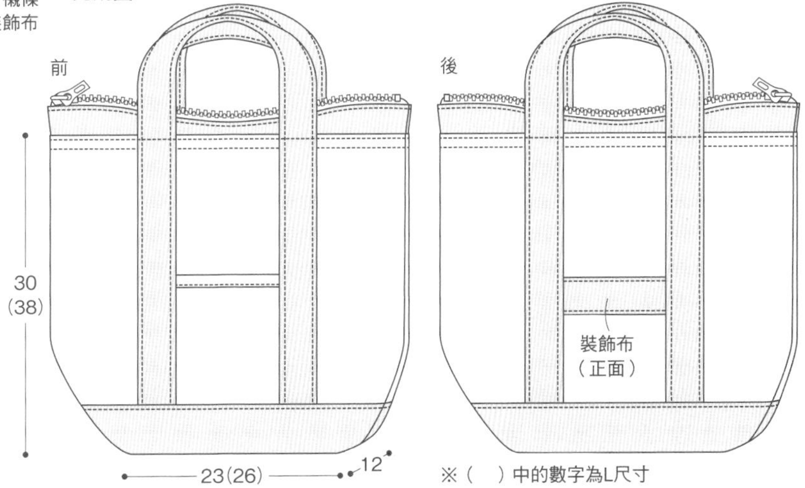

前
後
30
(38)
裝飾布（正面）
23(26)
12
※（　）中的數字為L尺寸

05 筒形托特包M・L photo p.14

材料
(L)本體・袋底・提把…8號紅色帆布85cm×100cm
寬2.5cm織帶185cm
(M)本體・袋底・提把…8號深藍色帆布80cm×90cm
寬2.5cm織帶160cm
MOCO刺繡線原色 適當長度

完成尺寸
(M)30×底直徑26cm
(L)35×底直徑30cm

製作方法
1. 只有 M尺寸需要在本體與提把表布上手縫裝飾線。
2. 將提把表布與裡布對齊後縫合。
3. 摺疊本體袋口之後縫合。
4. 將提把縫於本體上。
5. 將本體正面相對重疊後，縫合兩側側邊，並以織帶包捲整個縫份。
6. 將兩片袋底重疊後，與本體正面相對重疊後縫合，並以織帶包捲整個縫份。

★袋底紙型請見P.103

裁布圖(L)
8號帆布(紅色)

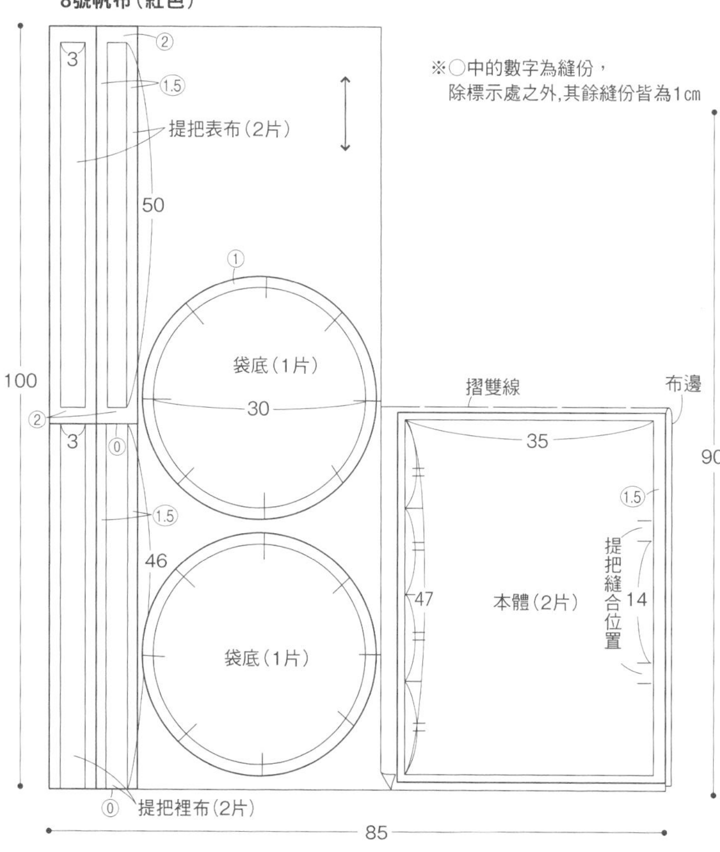

※○中的數字為縫份，
除標示處之外,其餘縫份皆為1cm
3
2
1.5
提把表布(2片)
50
1
袋底(1片)
30
100
2
3
0
1.5
46
袋底(1片)
摺雙線
布邊
35
1.5
提把縫合位置
14
47
本體(2片)
0
提把裡布(2片)
85

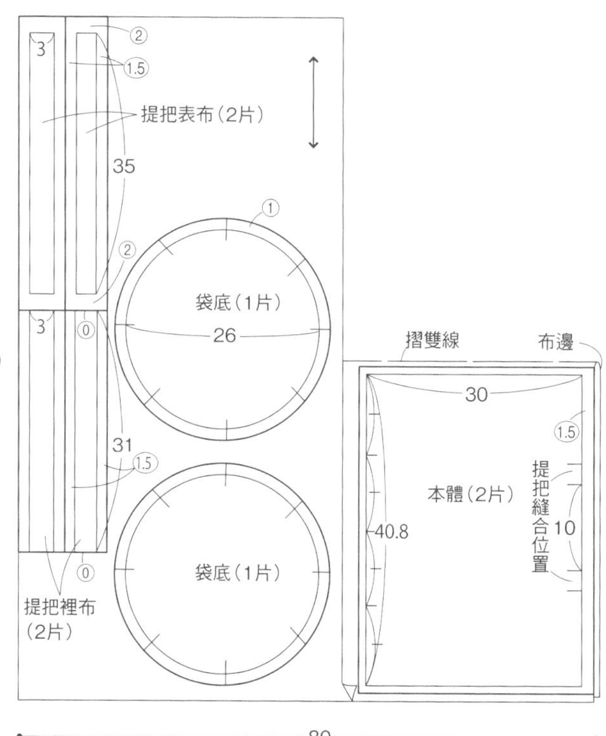

(M)
8號帆布(藍色)
3
2
1.5
提把表布(2片)
35
1
2
袋底(1片)
26
90
3
0
31
1.5
袋底(1片)
0
提把裡布
(2片)
摺雙線
布邊
30
1.5
本體(2片)
提把縫合位置
10
40.8
80

1. 本體與提把進行手縫裝飾線(僅M尺寸)

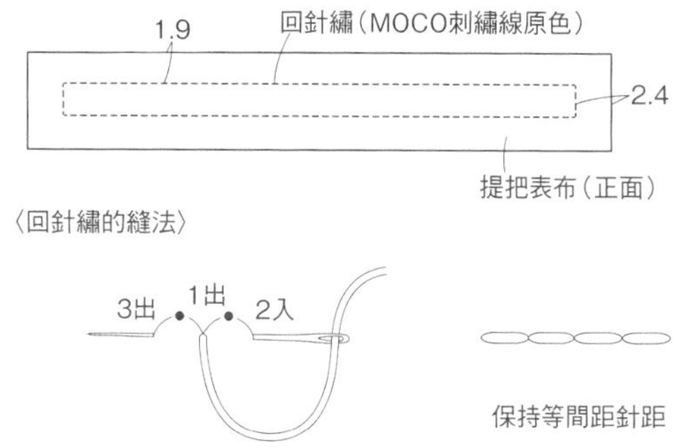

1.9
回針繡(MOCO刺繡線原色)
2.4
提把表布(正面)
〈回針繡的縫法〉
3出
1出
2入
保持等間距針距

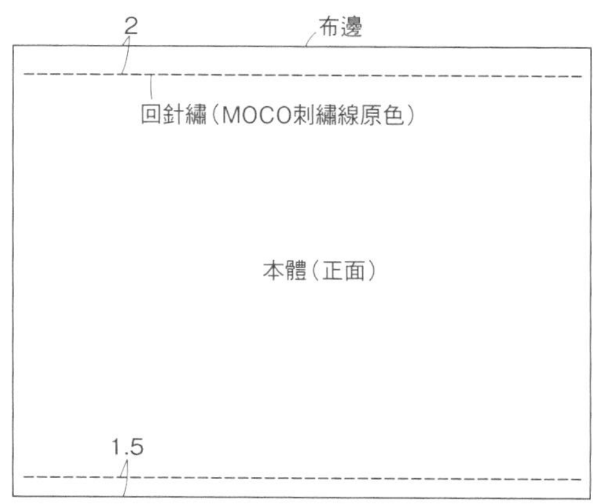

2
布邊
回針繡(MOCO刺繡線原色)
本體(正面)
1.5

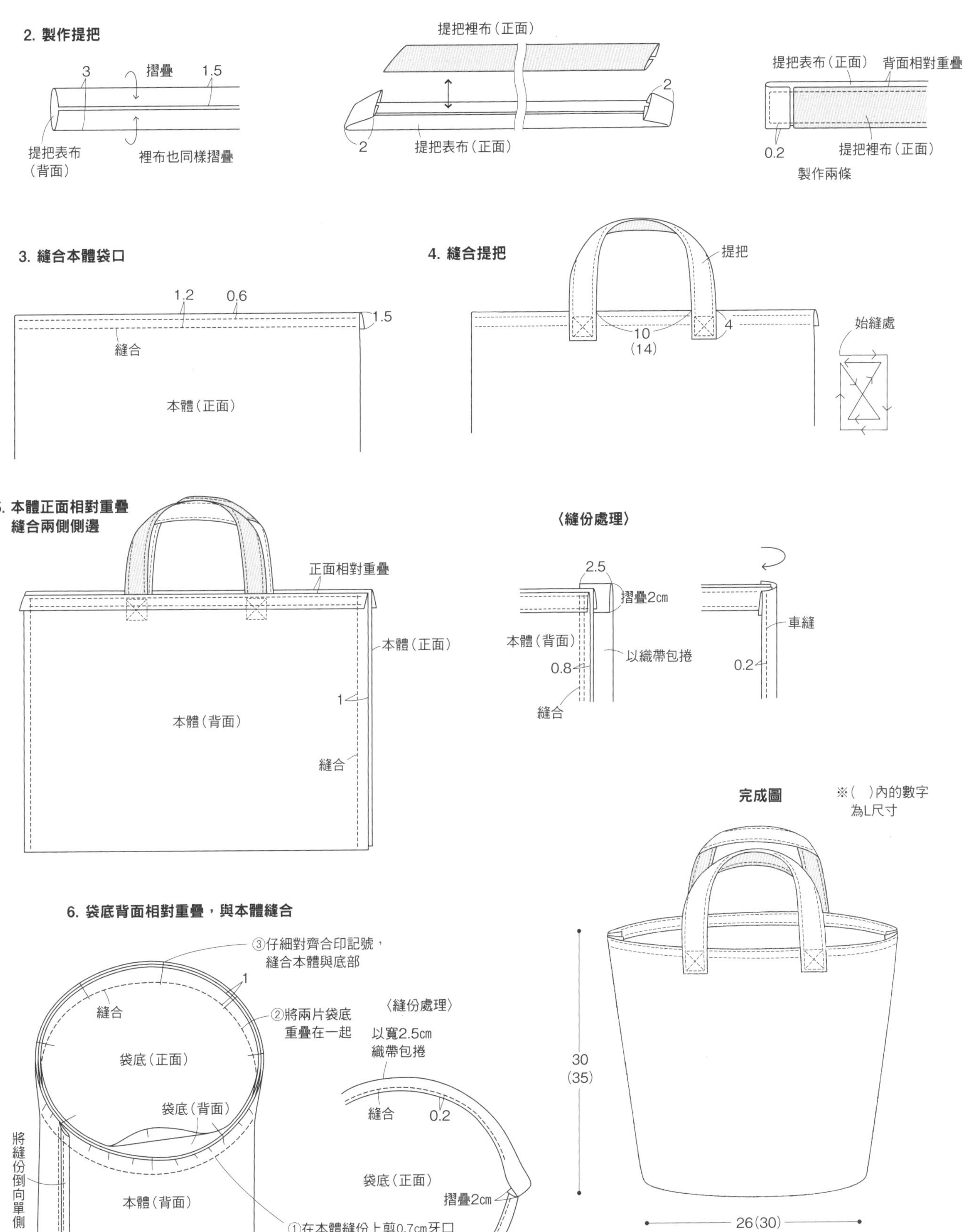
2. 製作提把
3
摺疊
1.5
提把表布
（背面）
裡布也同樣摺疊
提把裡布（正面）
2
2
提把表布（正面）
提把表布（正面）
背面相對重疊
0.2
提把裡布（正面）
製作兩條
3. 縫合本體袋口
1.2
0.6
1.5
縫合
本體（正面）
4. 縫合提把
提把
10
（14）
4
始縫處
5. 本體正面相對重疊
縫合兩側側邊
正面相對重疊
本體（正面）
1
本體（背面）
縫合
〈縫份處理〉
2.5
摺疊2cm
本體（背面）
以織帶包捲
0.8
縫合
車縫
0.2
完成圖
※（ ）內的數字
為L尺寸
30
（35）
26（30）
6. 袋底背面相對重疊，與本體縫合
③仔細對齊合印記號，
縫合本體與底部
1
縫合
②將兩片袋底
重疊在一起
袋底（正面）
袋底（背面）
將縫份倒向單側
本體（背面）
①在本體縫份上剪0.7cm牙口
〈縫份處理〉
以寬2.5cm
織帶包捲
縫合
0.2
袋底（正面）
摺疊2cm

06 筒形托特包S photo p.16

材料

本體・提把表布…8號黃色帆布 112cm×30cm
底布・外袋底…麻質帆布40cm×40cm
內袋・袋口用束口布・內袋底・提把裡布・束口繩
…小鳥圖案厚織棉布79號110cm×55cm
黏著襯　25cm×45cm

完成尺寸

23×底直徑20㎝

製作方法

1. 將底布接縫於本體。
2. 製作提把。
3. 將提把接縫於本體。
4. 本體正面相對重疊後，縫合兩側側邊。
5. 本體與外袋底正面相對重疊後縫合。
6. 內袋正面相對重疊後，縫合兩側側邊。
7. 製作袋口用束口布。
8. 將袋口用束口布縫於本體上。
9. 本體・束口布・內袋重疊後縫合。
10. 製作束口繩。

★底部紙型請見p.103。

裁布圖
8號帆布（黃色）

9
提把縫合位置
18
本體（1片）
底布縫合位置
5
中心
31.4
30
3
1.5
24
提把表布（各1片）
112

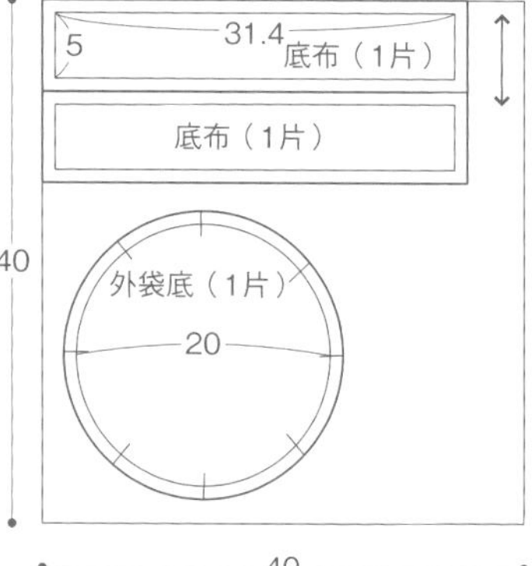

麻質帆布
31.4
5
底布（1片）
40
外袋底（1片）
20

※○中的數字為縫份，
除標示處之外，其餘縫份為1㎝

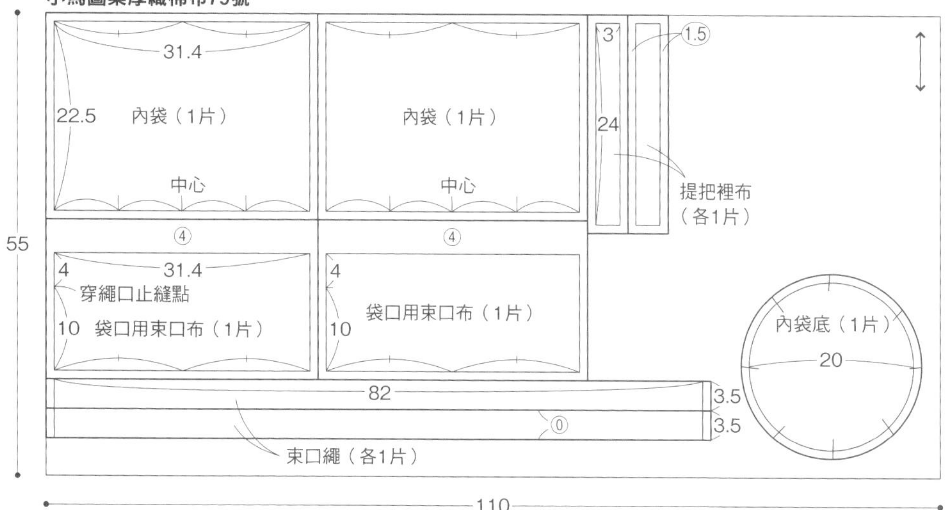

小鳥圖案厚織棉布79號
31.4
22.5
內袋（1片）
中心
3
1.5
24
提把裡布
（各1片）
55
4
穿繩口止縫點
10
袋口用束口布（1片）
內袋底（1片）
20
82
3.5
0
束口繩（各1片）
110

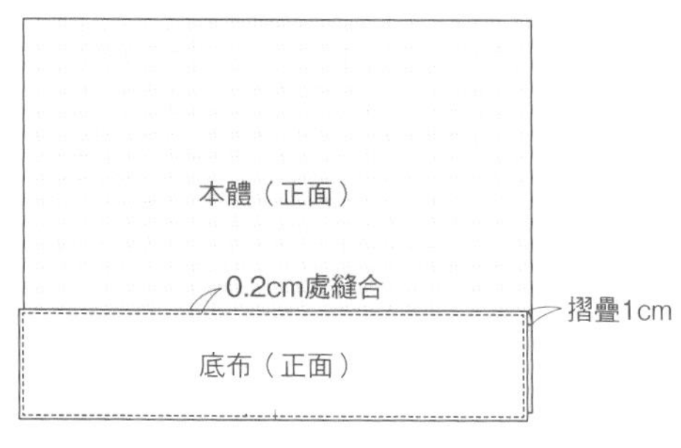

1. 將底布接縫於本體
本體（正面）
0.2cm處縫合
摺疊1cm
底布（正面）

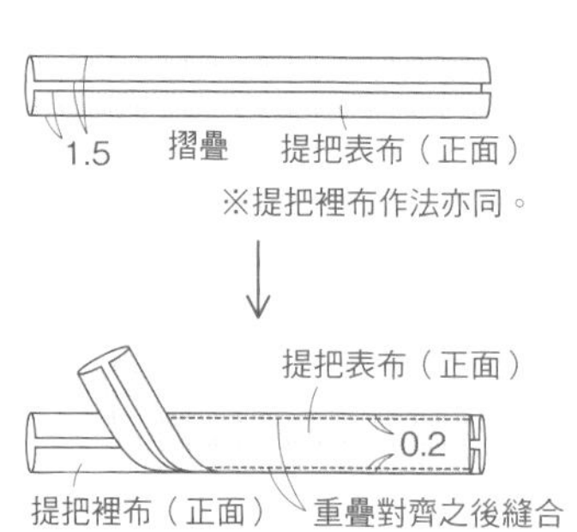

2. 製作提把
1.5
摺疊
提把表布（正面）
※提把裡布作法亦同。
提把表布（正面）
0.2
提把裡布（正面）
重疊對齊之後縫合

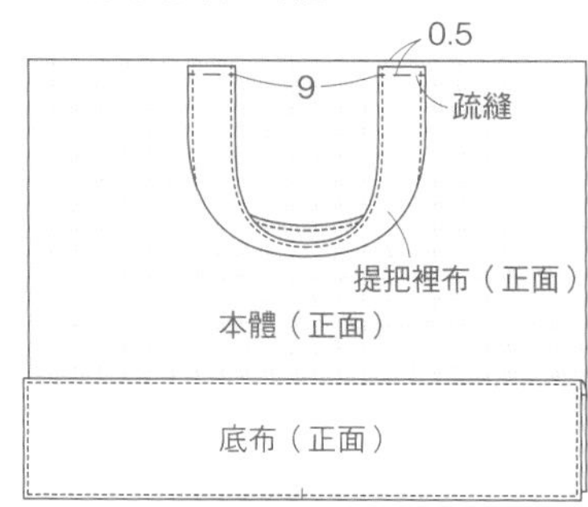

3. 將提把接縫於本體
0.5
9
疏縫
提把裡布（正面）
本體（正面）
底布（正面）

4. 本體正面相對重疊後，縫合兩側側邊

正面相對
本體（正面）
本體（背面）
1
縫合

5. 本體與外袋底正面相對重疊後縫合

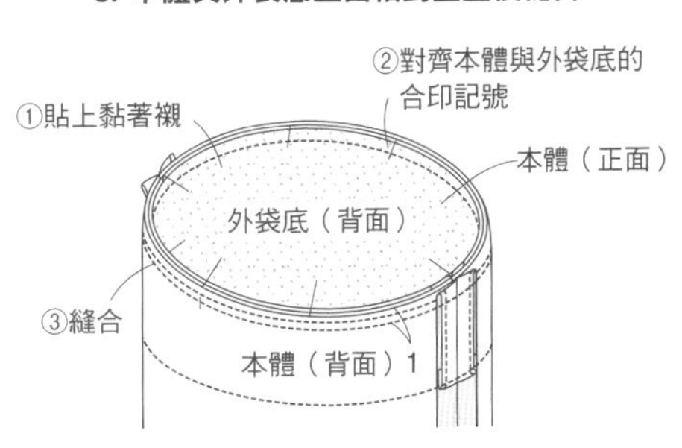

②對齊本體與外袋底的
合印記號
①貼上黏著襯
本體（正面）
外袋底（背面）
③縫合
本體（背面）1

6. 內袋正面相對重疊後，縫合兩側側邊

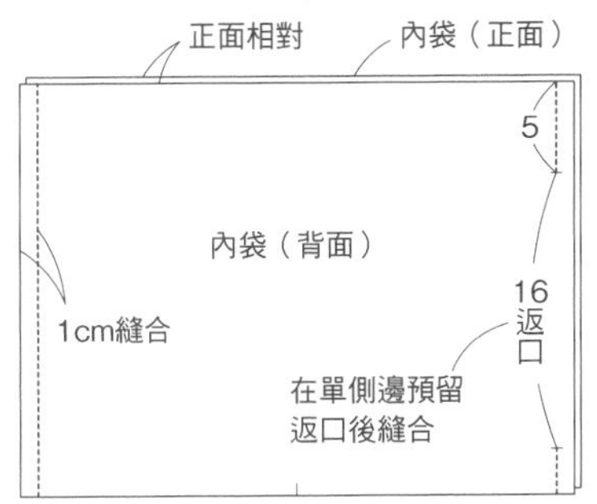

正面相對
內袋（正面）
5
內袋（背面）
16
返口
1cm縫合
在單側邊預留
返口後縫合

※以本體相同作法，內袋底貼上黏著襯，
再與內袋正面相對重疊後縫合。

7. 製作袋口用束口布

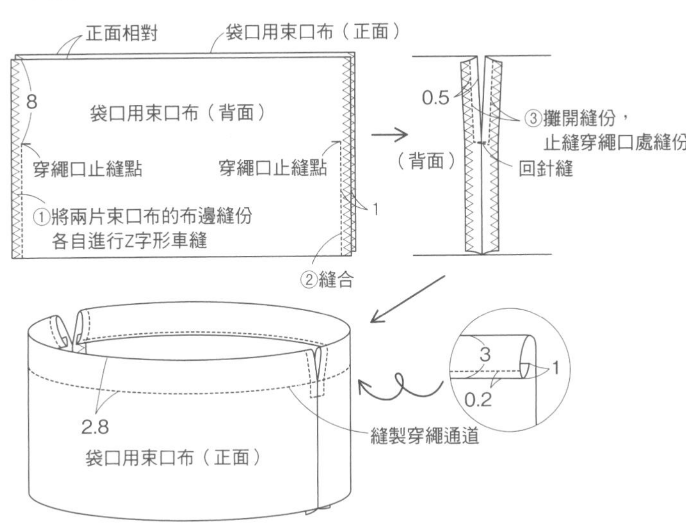

正面相對
袋口用束口布（正面）
8
袋口用束口布（背面）
穿繩口止縫點
穿繩口止縫點
①將兩片束口布的布邊縫份
各自進行Z字形車縫
1
②縫合
0.5
③攤開縫份，
止縫穿繩口處縫份
（背面）
回針縫
3
1
0.2
2.8
縫製穿繩通道
袋口用束口布（正面）

8. 將袋口用束口布縫於本體上

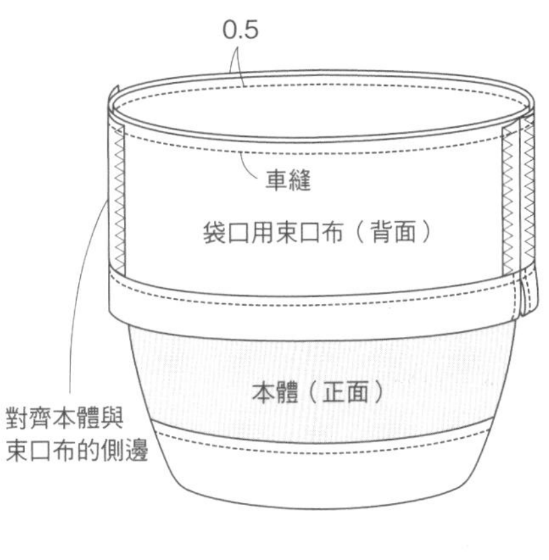

0.5
車縫
袋口用束口布（背面）
本體（正面）
對齊本體與
束口布的側邊

9. 本體・束口布・內袋重疊後縫合

10. 製作束口繩

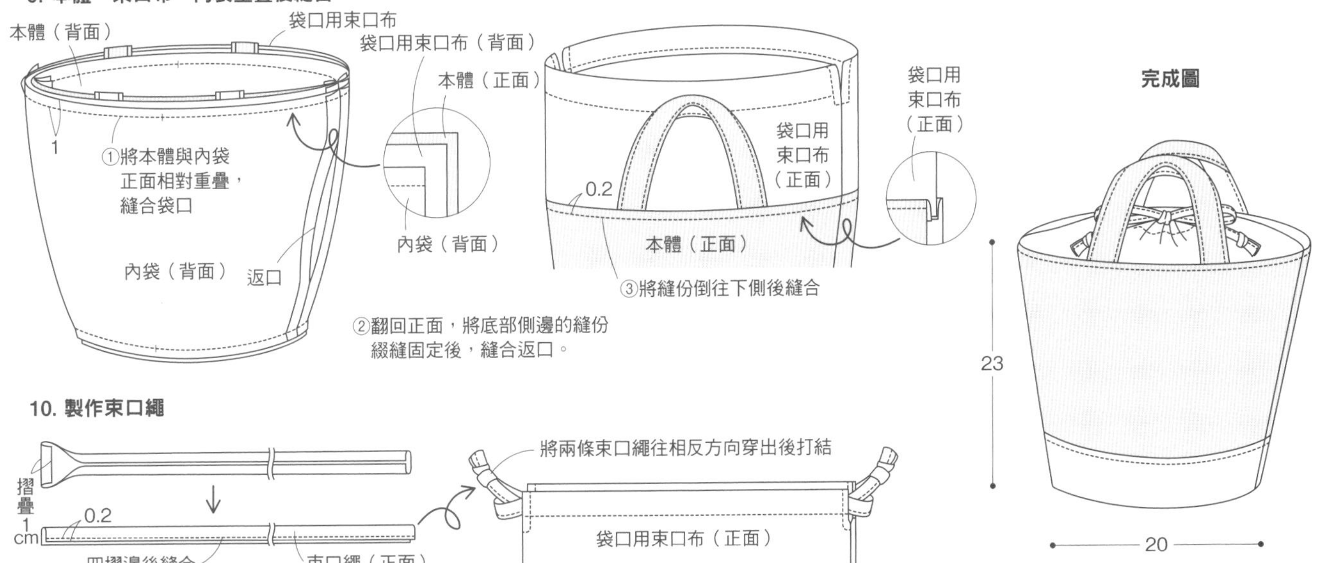

本體（背面）
袋口用束口布
袋口用束口布（背面）
本體（正面）
1
①將本體與內袋
正面相對重疊，
縫合袋口
內袋（背面）
內袋（背面）
返口
②翻回正面，將底部側邊的縫份
繚縫固定後，縫合返口。
0.2
袋口用
束口布
（正面）
本體（正面）
袋口用
束口布
（正面）
③將縫份倒往下側後縫合
完成圖
23
20
摺疊
1cm
0.2
四摺邊後縫合
束口繩（正面）
將兩條束口繩往相反方向穿出後打結
袋口用束口布（正面）

07 兩用托特包 photo p.18

材料

本體・口袋・側身・提把・斜背肩帶・貼邊
…11號米色帆布110cm×80cm
寬2.5cm織帶190cm
寬2.5cm三色旗緞帶 6cm

完成尺寸

31×32×側身15cm

製作方法

1. 製作提把。
2. 製作斜背肩帶。
3. 縫合左右兩側口袋之後，暫時疏縫於本體。
4. 將本體與側身正面相對重疊後縫合。
5. 摺疊貼邊的下半部，縫合兩側側邊以固定。
6. 於本體上暫時疏縫上提把，接著縫合貼邊。翻回正面，再壓上裝飾線。
7. 於側身縫上斜背肩帶。

裁布圖 11號帆布（米色）

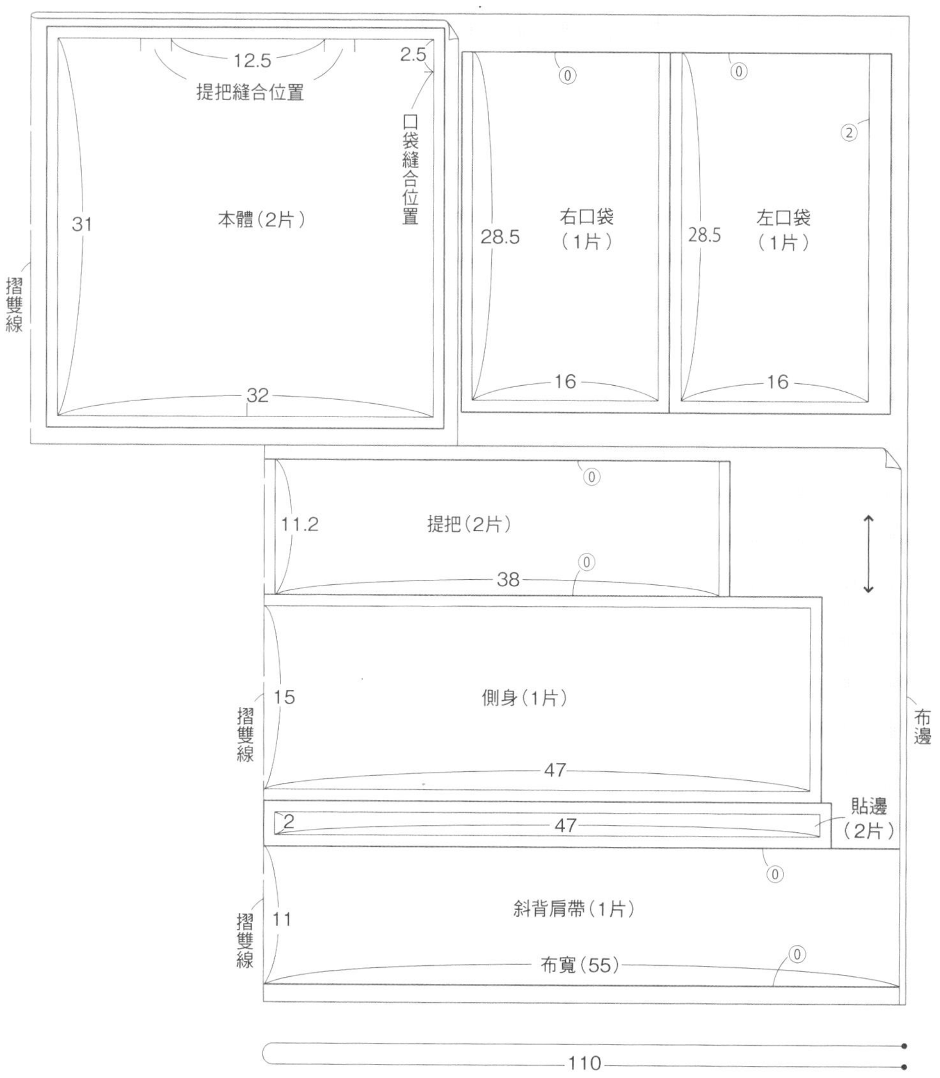

※○中的數字為縫份，
除標示處之外，其餘縫份為1cm

1. 製作提把

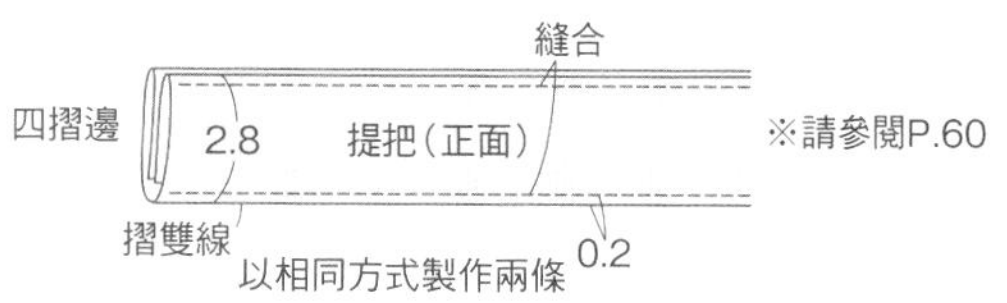

縫合
四摺邊
2.8
提把（正面）
※請參閱P.60
摺雙線
以相同方式製作兩條
0.2

2. 製作斜背肩帶

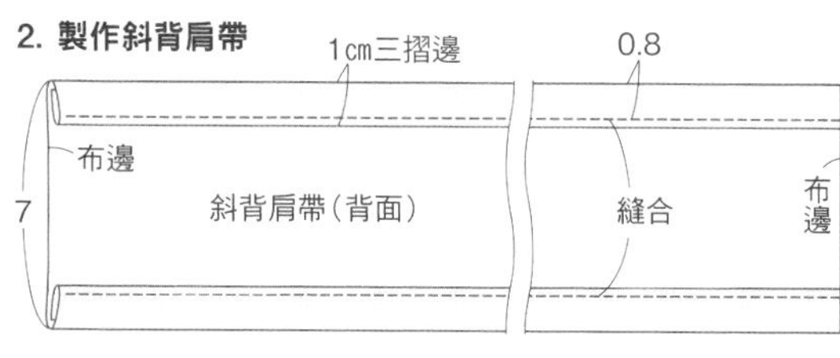

1cm三摺邊
0.8
布邊
7
斜背肩帶（背面）
縫合
布邊

3. 製作口袋

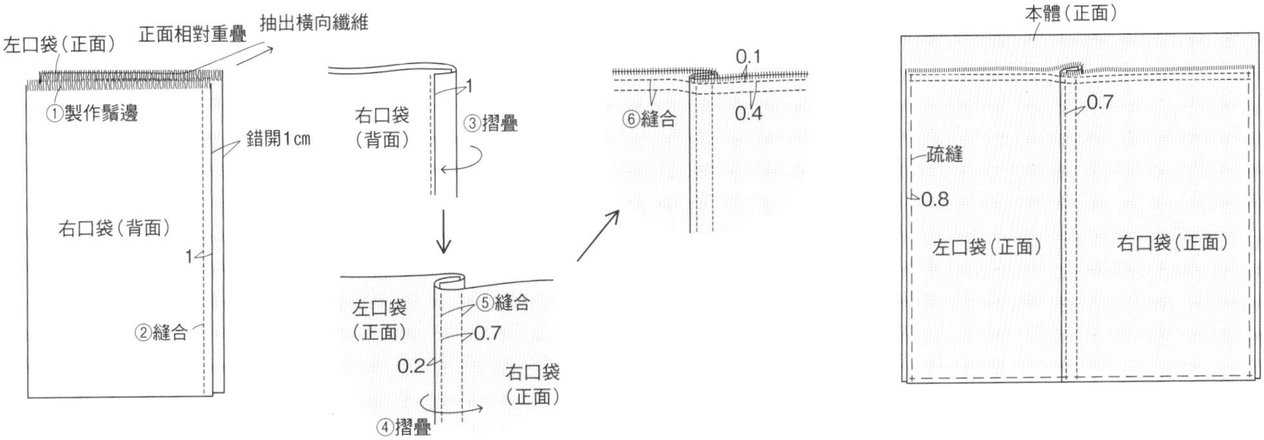

左口袋（正面）
正面相對重疊
抽出橫向纖維
①製作鬚邊
錯開1cm
右口袋（背面）
1
②縫合

右口袋（背面）
1
③摺疊

左口袋（正面）
⑤縫合
0.7
0.2
右口袋（正面）
④摺疊

0.1
⑥縫合
0.4

疏縫於本體
本體（正面）
0.7
疏縫
0.8
左口袋（正面）
右口袋（正面）

4. 將本體與側身正面相對重疊後縫合

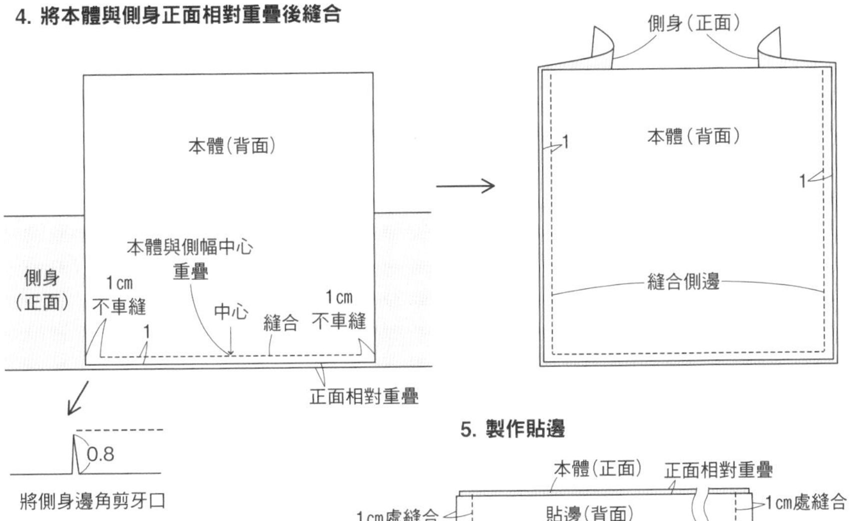

本體（背面）
側身（正面）
本體與側幅中心重疊
1cm 不車縫
1
中心
縫合
1cm 不車縫
正面相對重疊

側身（正面）
1
本體（背面）
1
縫合側邊

〈縫份的處理〉

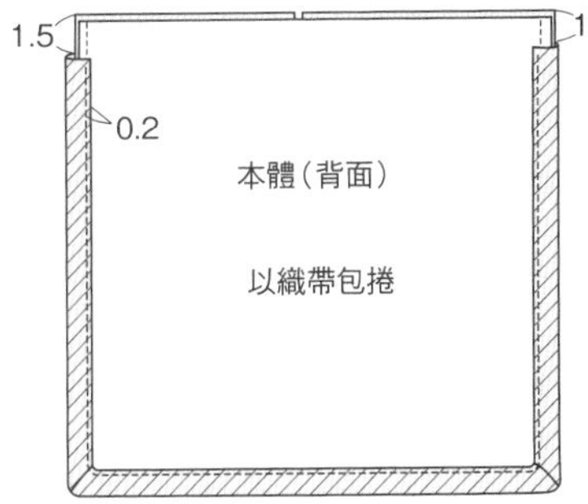

1.5
1.5
0.2
本體（背面）
以織帶包捲

另一片本體也與側身正面相對重疊縫合

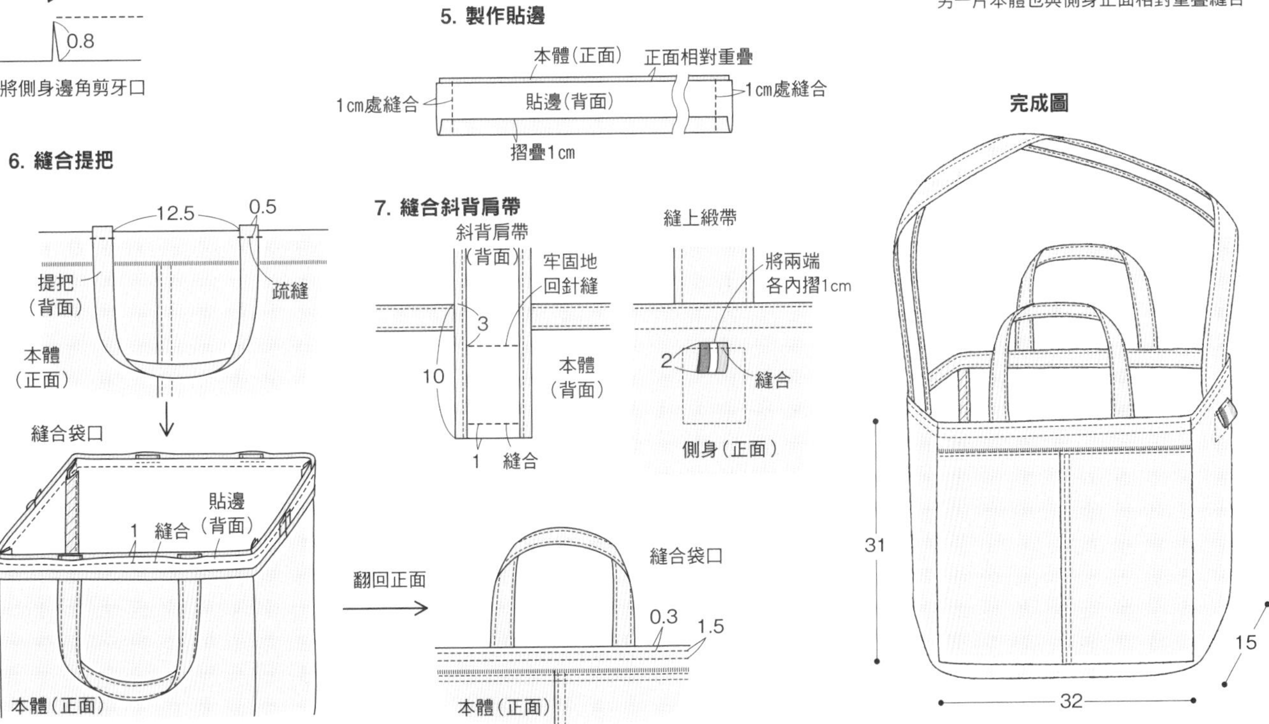

0.8
將側身邊角剪牙口
5. 製作貼邊
本體（正面）
正面相對重疊
1cm處縫合
貼邊（背面）
1cm處縫合
摺疊1cm
完成圖
6. 縫合提把
12.5
0.5
提把（背面）
疏縫
本體（正面）
縫合袋口
貼邊（背面）
1
縫合
本體（正面）
翻回正面
縫合袋口
0.3
1.5
本體（正面）
7. 縫合斜背肩帶
斜背肩帶（背面）
牢固地回針縫
3
10
本體（背面）
1
縫合
縫上緞帶
將兩端各內摺1cm
2
縫合
側身（正面）
31
15
32

08 附口袋水桶肩背包 photo p.20

材料

本體・袋底・口袋・斜背肩帶表布・布環
…8號黑色帆布60cm×130cm
提把裡布・滾邊用布
…11號深咖啡色帆布110cm×20cm
內袋・內袋底・袋口用束口布…黑色亞麻布 110cm×60cm
寬0.6cm沙典緞帶 160cm
寬4cm角環・日型環 各1個

完成尺寸

32×25×側身20cm

製作方法

1. 製作口袋。
2. 將口袋縫於本體上。
3. 將兩片本體正面相對重疊後，縫合兩側側邊。
4. 將本體與袋底正面相對重疊後縫合。
5. 製作袋口用的束口布部分。
6. 內袋的作法與本體相同，完成後放入本體內，接著與束口布背面相對重疊對齊之後疏縫。
7. 袋口進行滾邊。
8. 製作布環。
9. 製作斜背肩帶。
10. 將布環與斜背肩帶縫於本體上。
11. 將繩子穿過束口布，然後打結。

★底部紙型請見P.103。

裁布圖

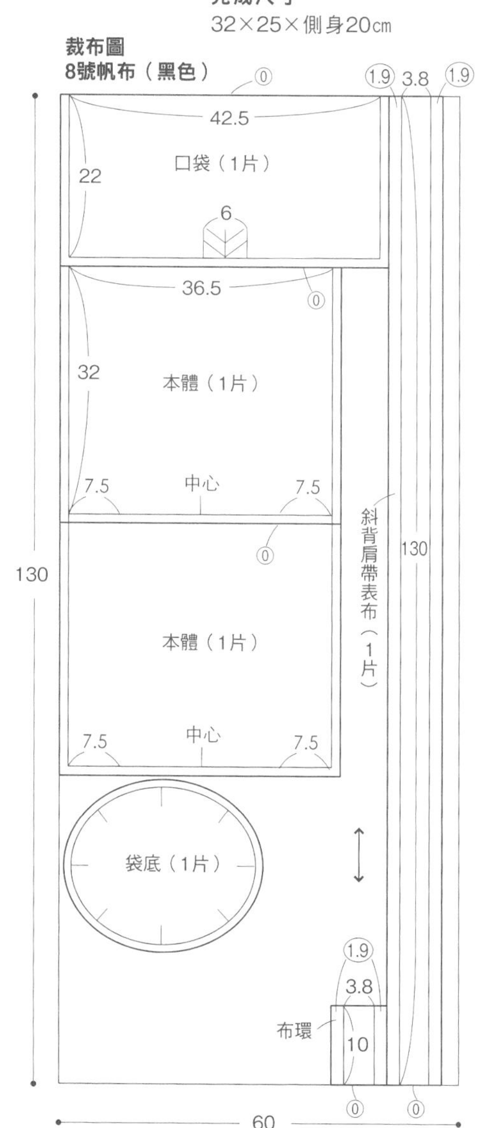
8號帆布（黑色）
42.5
口袋（1片）
22
6
36.5
32
本體（1片）
7.5
中心
7.5
本體（1片）
7.5
中心
7.5
斜背肩帶表布（1片）
130
130
袋底（1片）
1.9
3.8
1.9
布環
10
60

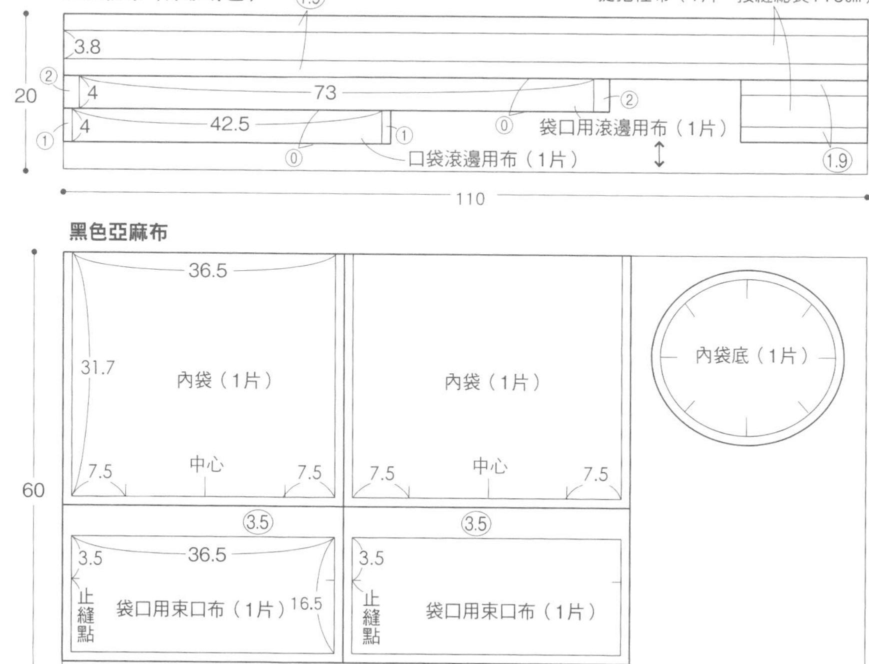
11號帆布（深咖啡色）
提把裡布（1片・接縫總長116cm）
3.8
20
4
73
4
42.5
袋口用滾邊用布（1片）
口袋滾邊用布（1片）
1.9
110
黑色亞麻布
36.5
31.7
內袋（1片）
內袋（1片）
內袋底（1片）
7.5
中心
7.5
60
3.5
36.5
止縫點
袋口用束口布（1片）
16.5
袋口用束口布（1片）
110

※○中的數字為縫份，
除標示處之外，其餘縫份皆為1cm

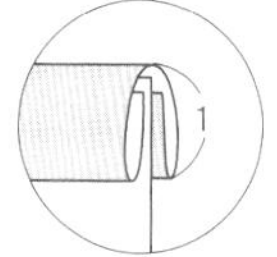

1. 製作口袋

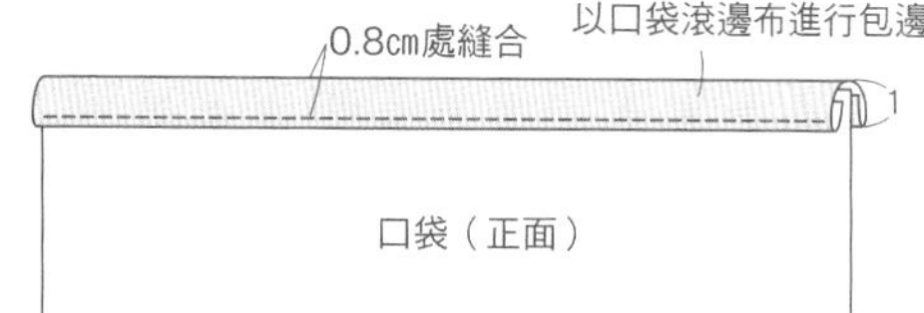
0.8cm處縫合
以口袋滾邊布進行包邊
1
口袋（正面）

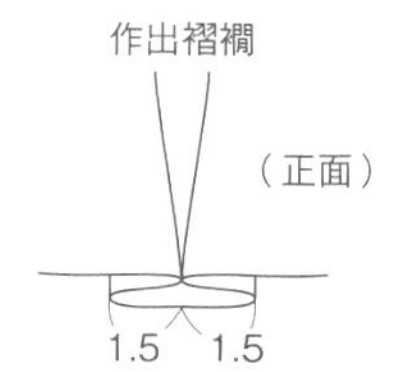
作出褶襉
（正面）
1.5
1.5

2. 將口袋縫於本體上

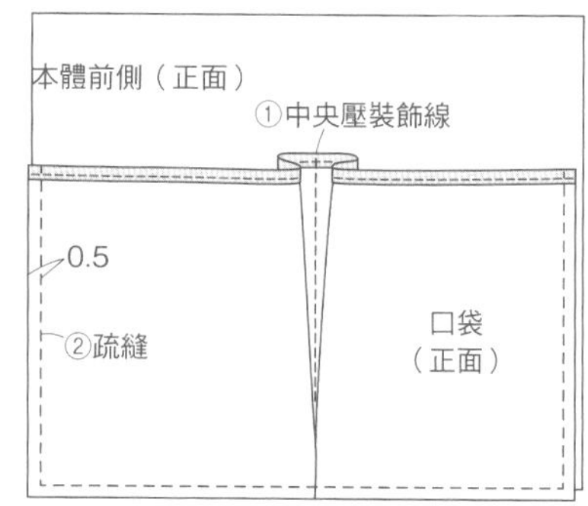
本體前側（正面）
①中央壓裝飾線
0.5
②疏縫
口袋
（正面）

3. 本體正面相對重疊後，縫合兩側側邊

正面相對重疊
本體前側（正面）

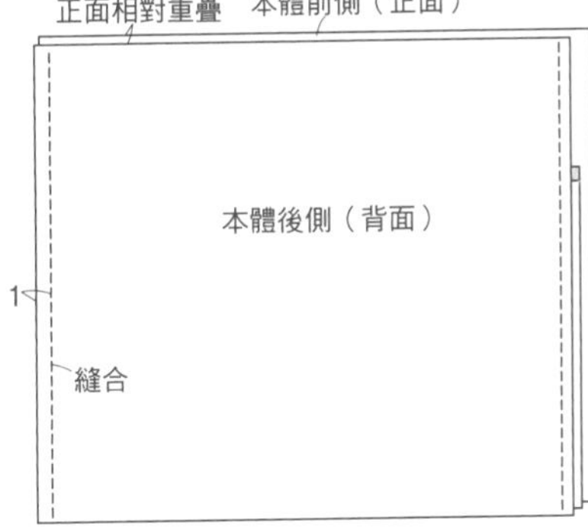
本體後側（背面）
1
縫合

4. 本體與袋底正面相對重疊後縫合

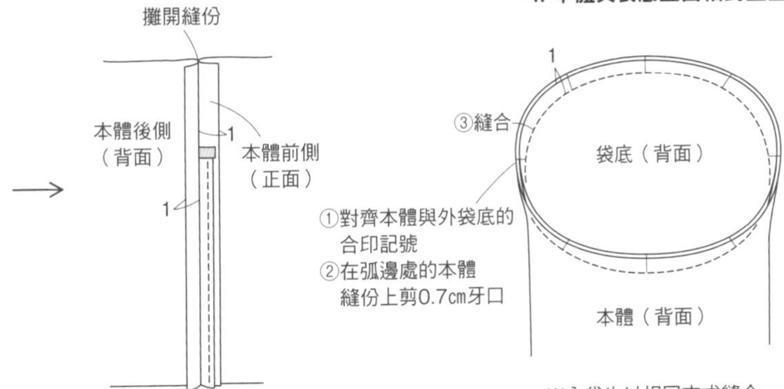
攤開縫份
本體後側
（背面）
1
本體前側
（正面）
1
1
③縫合
袋底（背面）
①對齊本體與外袋底的
合印記號
②在弧邊處的本體
縫份上剪0.7cm牙口
本體（背面）

※內袋也以相同方式縫合

5. 製作袋口用束口布

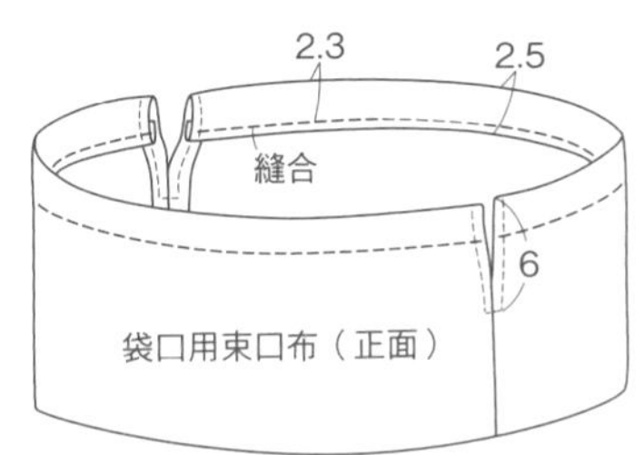
2.3
2.5
縫合
6
袋口用束口布（正面）

※作法請參閱P.63

6. 本體·內袋·束口布疊合後縫合

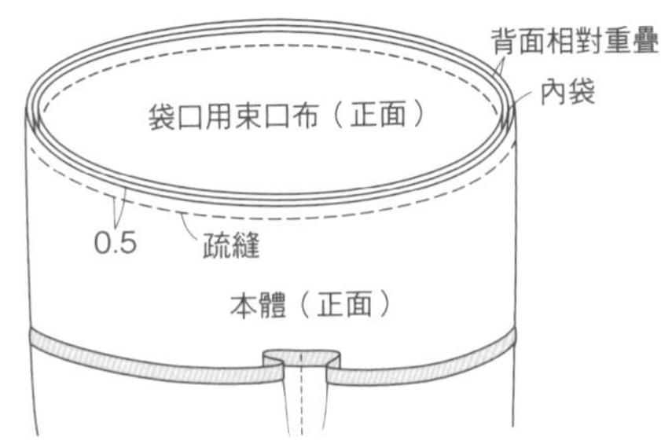
背面相對重疊
內袋
袋口用束口布（正面）
0.5
疏縫
本體（正面）

7. 袋口滾邊

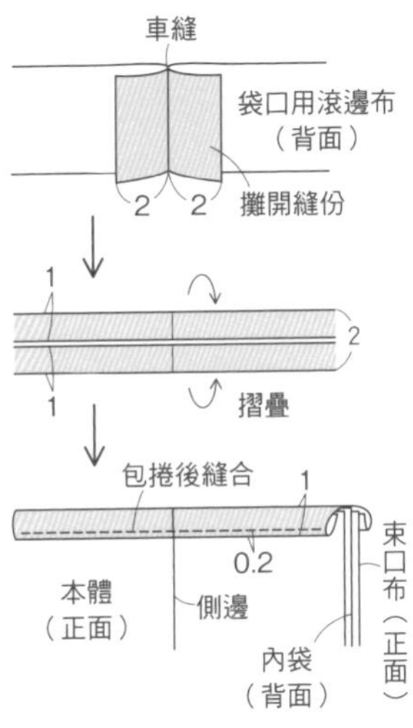
車縫
袋口用滾邊布
（背面）
2
2
攤開縫份
1
2
1
摺疊
包捲後縫合
1
0.2
本體
（正面）
側邊
內袋
（背面）
束口布（正面）

8. 製作布環

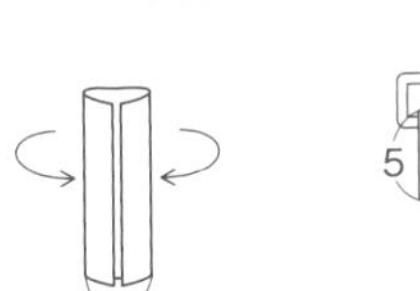
3.8

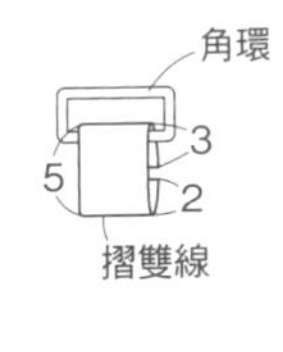
角環
3
5
2
摺雙線

9. 製作斜背肩帶

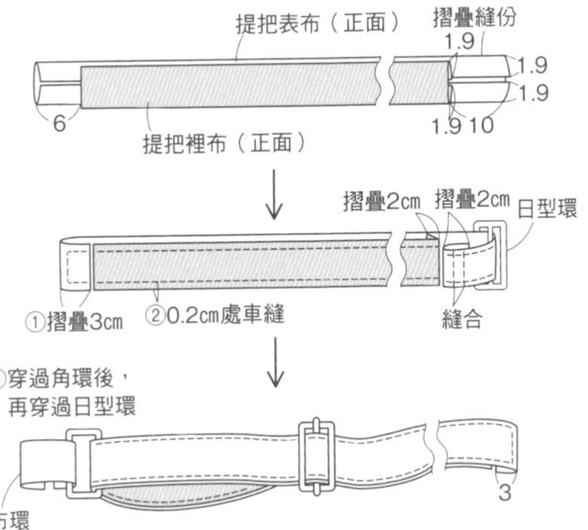
提把表布（正面）
摺疊縫份
1.9
1.9
1.9
6
1.9 10
提把裡布（正面）
摺疊2cm
摺疊2cm
日型環
①摺疊3cm
②0.2cm處車縫
縫合
③穿過角環後，
再穿過日型環
布環
3

10. 縫合布環與斜背肩帶

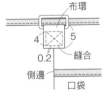

布環
4
5
0.2
縫合
側邊
口袋

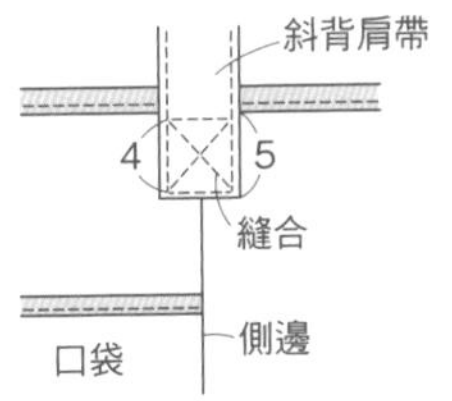
斜背肩帶
4
5
縫合
口袋
側邊

11. 將緞袋穿過束口布

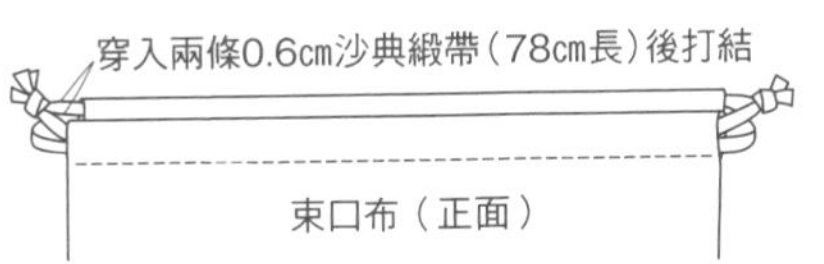
穿入兩條0.6cm沙典緞帶（78cm長）後打結
束口布（正面）

完成圖

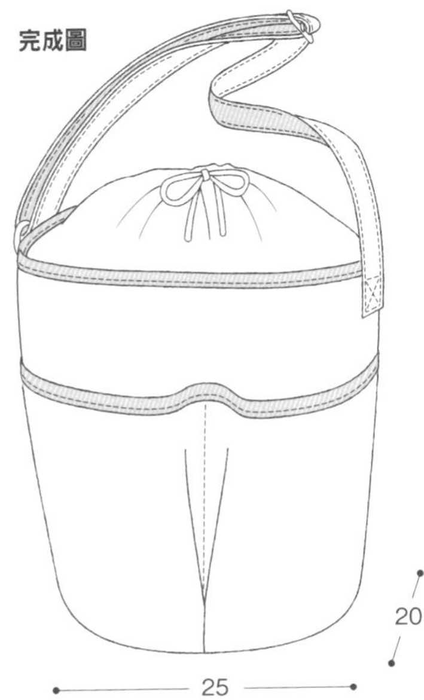
32
20
25

10 大型肩背包 photo p.23

材料

本體・底布・口袋・斜背肩帶・補強用布
…原創條紋麻質帆布赤耳×藏青×黑98cm×150cm
內袋・內口袋…淺灰藍棉質厚織79號112cm×70cm
直徑1.3cm四合釦1組
寬4cm日型環・D型環各1個
寬1.5cm雙面黏著襯條　黏著襯5×5cm

完成尺寸

27.5×33×側身14cm

製作方法

※步驟**1**至**3**參照p.24起步驟圖解。
4. 製作口袋，將口袋與底布接縫在本體上（參照下圖）。
5. 縫合本體（參照p.25至p.26）。
6. 製作斜背肩帶＆縫於本體上（參照p.26至p.28）。
7. 將內口袋的袋口三摺邊後縫合。
8. 摺疊內口袋的下側縫份，疊放在縫接位置後縫合兩側邊。
9. 縫合內袋與本體，裝上四合釦（參照p.29）。

裁布圖
原創條紋麻質帆布（赤耳×藏青×黑）

15.5
28
1
7
7
45
1.2
本體（1片）
33
口袋底
位置
15.5
1
5
赤耳布邊
本體（1片）
1.2
150
2
4
4
4
0
0
0
46
補強布（1片）
0
斜背肩帶表布（1片）
斜背肩帶裡布（1片）
121
135
2
2
6
7
47
1.2
14
底布（1片）
7
6
47
口袋（1片）
0
0
20
※本體的袋口＆口袋口
使用布料的赤耳布邊
98

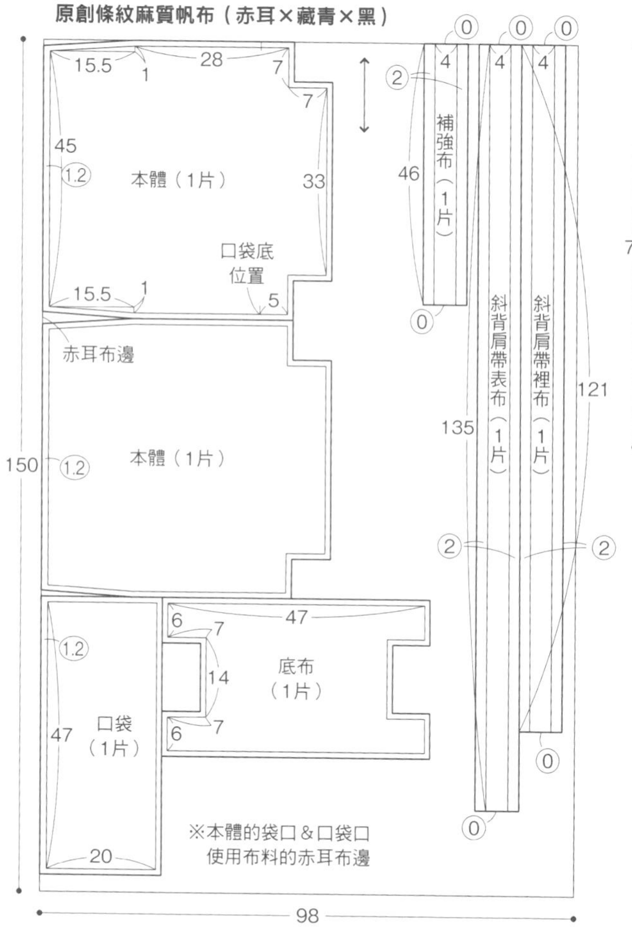

棉質厚織79號（淺灰藍）

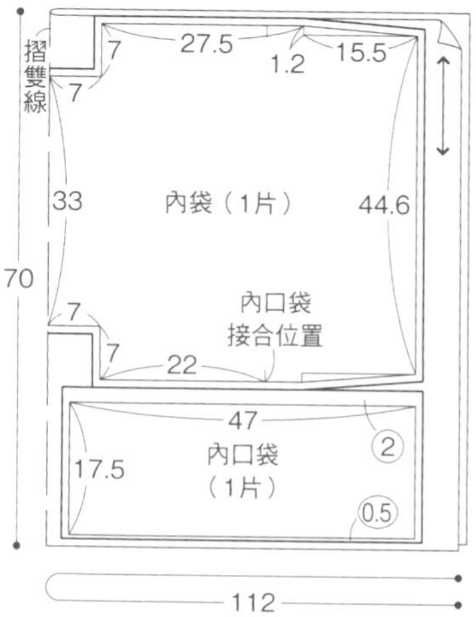

摺雙線
7
27.5
1.2
15.5
7
33
內袋（1片）
44.6
70
7
內口袋
接合位置
7
22
47
2
17.5
內口袋
（1片）
0.5
112

※○中的數字為縫份，除標示處之外，其餘縫份為1cm

將口袋縫在本體上，再縫合底布

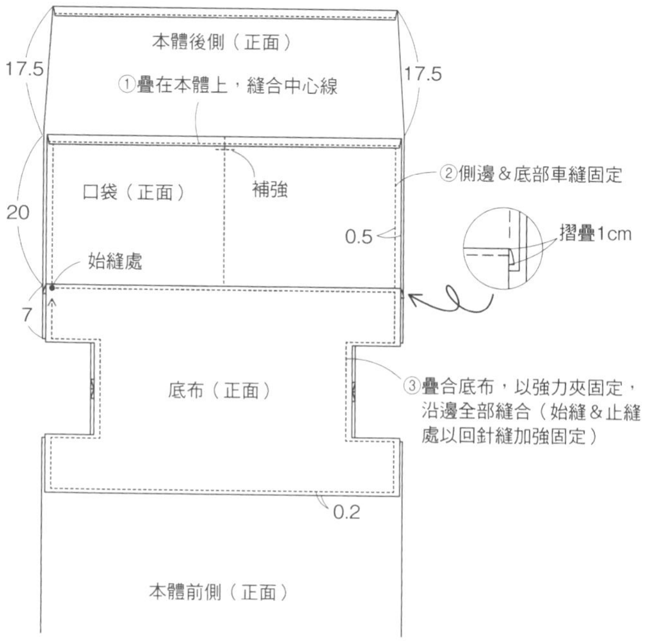

本體後側（正面）
17.5
17.5
①疊在本體上，縫合中心線
口袋（正面）
補強
②側邊＆底部車縫固定
20
0.5
摺疊1cm
始縫處
7
底布（正面）
③疊合底布，以強力夾固定，
沿邊全部縫合（始縫＆止縫
處以回針縫加強固定）
0.2
本體前側（正面）

製作口袋

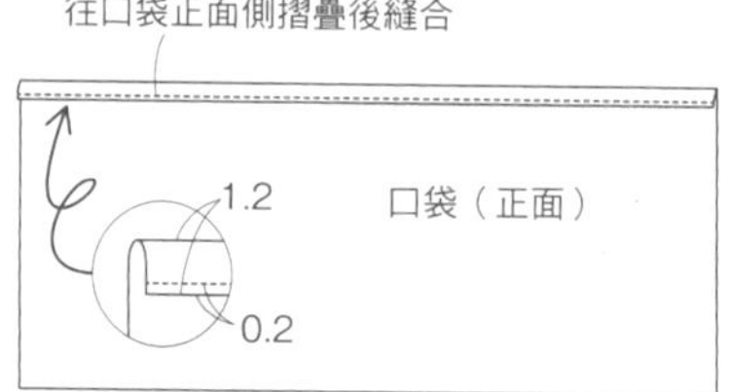

往口袋正面側摺疊後縫合
1.2
口袋（正面）
0.2

11 卡片夾 photo p.30

材料
外層・內層…11號藍色帆布40cm×15cm
袋蓋…11號深藍色帆布10cm×15cm
雞眼釦…1組
寬2.5cm雙色羅紋織帶4cm

完成尺寸
7×11cm

製作方法
1. 將外層與袋蓋正面相對重疊後縫合，攤開縫份。
將織帶對摺後疏縫於圖中標示的位置。
2. 將外層與內層正面相對重疊，留下返口之後縫合四邊。
3. 翻回正面，縫合返口之後，於口袋口部分壓裝飾線。
4. 縫合袋子，裝上雞眼釦。
★袋蓋紙型請見P.103。

裁布圖
11號帆布(藍色)

※縫份皆為0.5cm

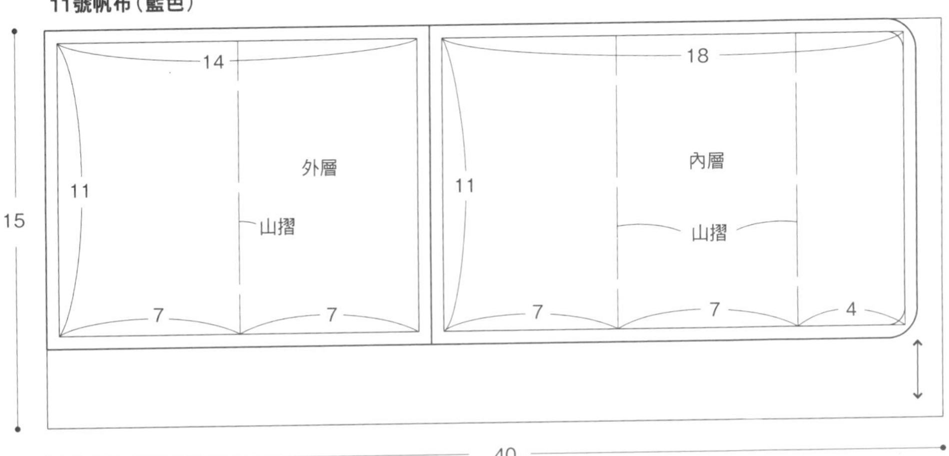

14
外層
11
山摺
7
7
18
內層
11
山摺
7
7
4
15
40

11號帆布(深藍色)

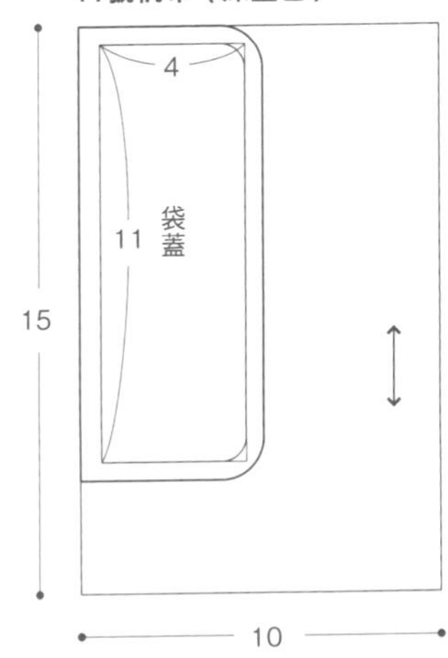

4
11
袋蓋
15
10

1. 外層與袋蓋正面相對重疊後縫合

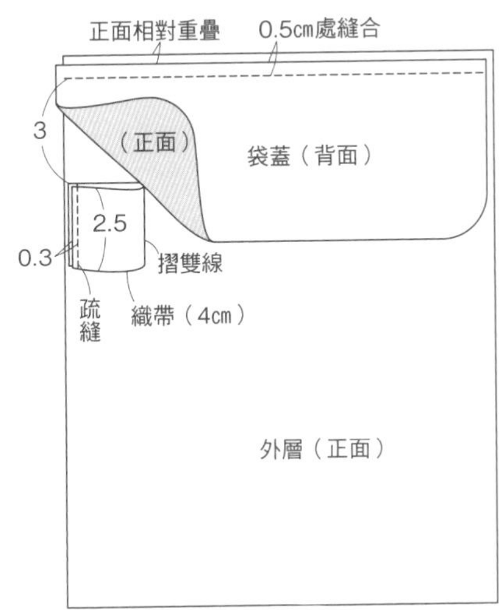

正面相對重疊
0.5cm處縫合
3
(正面)
袋蓋(背面)
2.5
0.3
摺雙線
疏縫
織帶(4cm)
外層(正面)

2. 外層與內層正面相對重疊後縫合

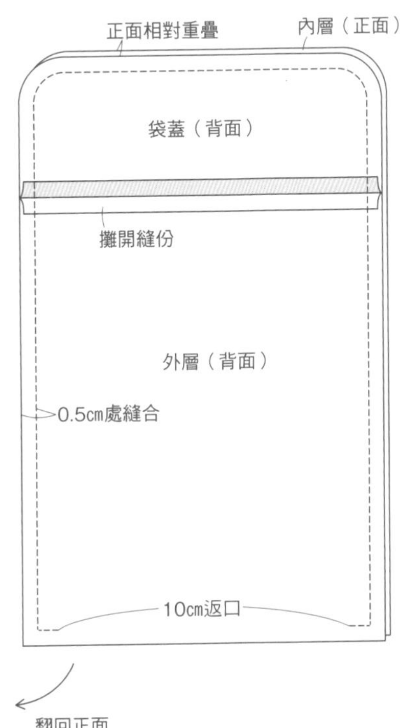

正面相對重疊
內層(正面)
袋蓋(背面)
攤開縫份
外層(背面)
0.5cm處縫合
10cm返口
翻回正面

3. 口袋口壓裝飾線

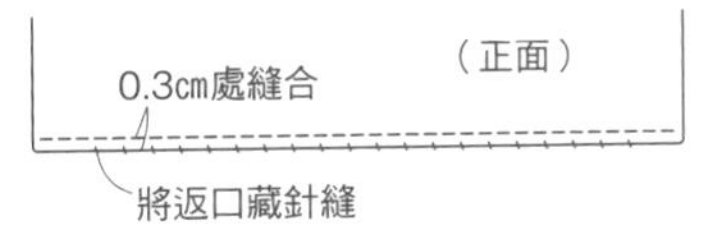

(正面)
0.3cm處縫合
將返口藏針縫

4. 摺疊底部，縫合袋子並裝上雞眼釦

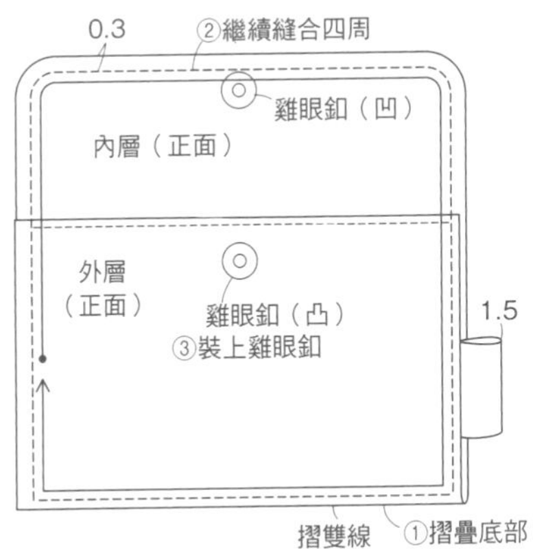

0.3
②繼續縫合四周
雞眼釦(凹)
內層(正面)
外層
(正面)
雞眼釦(凸)
③裝上雞眼釦
1.5
摺雙線
①摺疊底部

完成圖

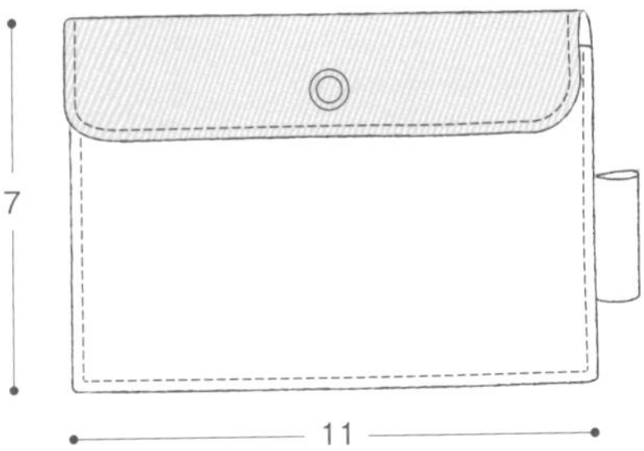

7
11

12 筆袋 photo p.31

材料
本體…8號綠色帆布25cm×20cm
寬2.5cm織帶 25cm
寬2cm織帶 白色6cm
長19cm拉鍊 1條

完成尺寸
7×20cm

製作方法
1. 本體縫上拉鍊，將織帶對摺後疏縫。
2. 將本體正面相對重疊後，縫合兩側側邊。
3. 以織帶包捲整個縫份。

裁布圖
8號帆布（綠色）

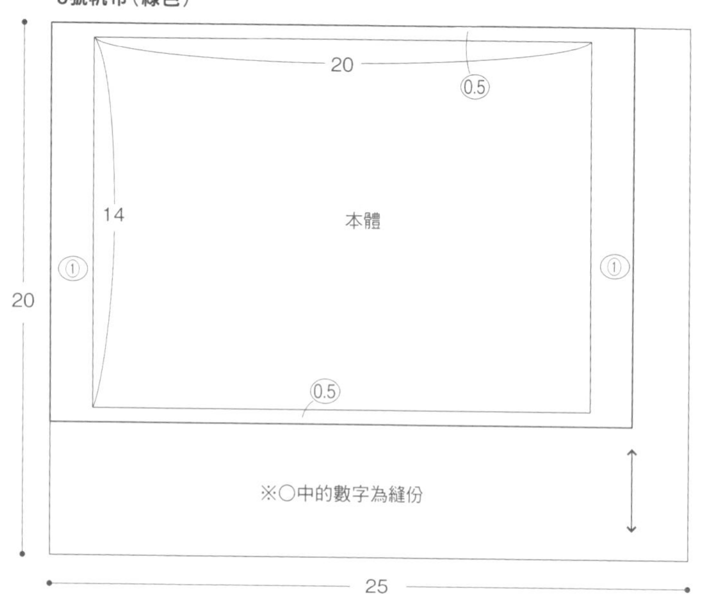

20
0.5
14
本體
1
1
20
0.5
※○中的數字為縫份
25

1. 在本體縫上拉鍊

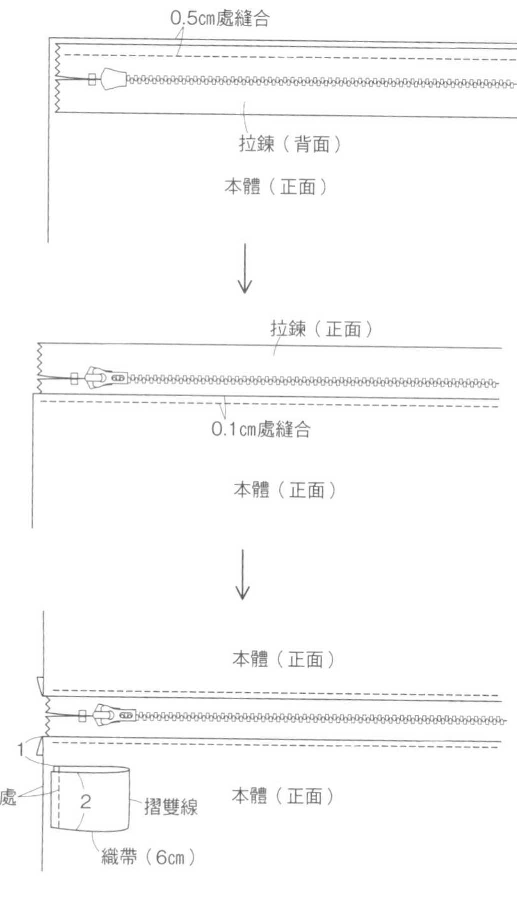

0.5cm處縫合
拉鍊（背面）
本體（正面）
拉鍊（正面）
0.1cm處縫合
本體（正面）
本體（正面）
1
0.5cm處
疏縫
2
摺雙線
織帶（6cm）
本體（正面）

2. 正面相對重疊後，縫合兩側側邊

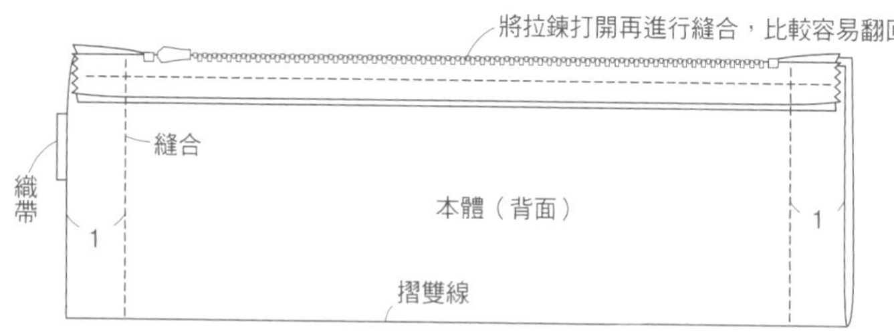

將拉鍊打開再進行縫合，比較容易翻回正面
縫合
織帶
1
本體（背面）
1
1
摺雙線

3. 縫份處理

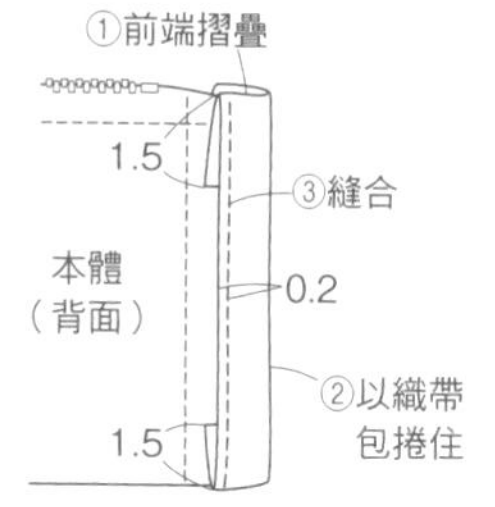

①前端摺疊
1.5
③縫合
本體
（背面）
0.2
②以織帶
包捲住
1.5

完成圖

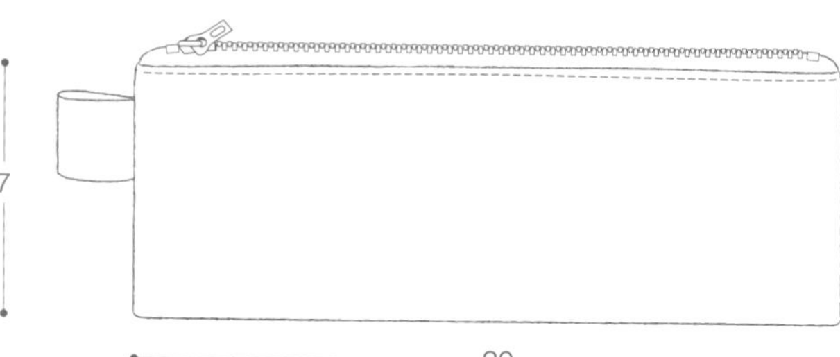

7
20

16 扁平式肩背包 photo p.36

photo p.36

材料
本體・斜背肩帶・布環
…11號土黃色帆布110cm×35cm
內袋…條紋布55cm×25cm
寬0.5cm皮繩 31cm 2條

完成尺寸
24×21cm

製作方法
1. 製作斜背肩帶與布環。
2. 將本體正面相對重疊，縫合兩側側邊。
3. 將皮繩・斜背肩帶・布環疏縫於本體袋口上。
4. 將內袋正面相對重疊，預留返口後縫合側邊。
5. 將本體與內袋正面相對重疊後，縫合袋口。
6. 翻回正面，縫合返口，於袋口壓上裝飾線。

裁布圖
11號帆布（土黃色）
※○中的數字為縫份，除標示處之外，其餘縫份皆為1cm 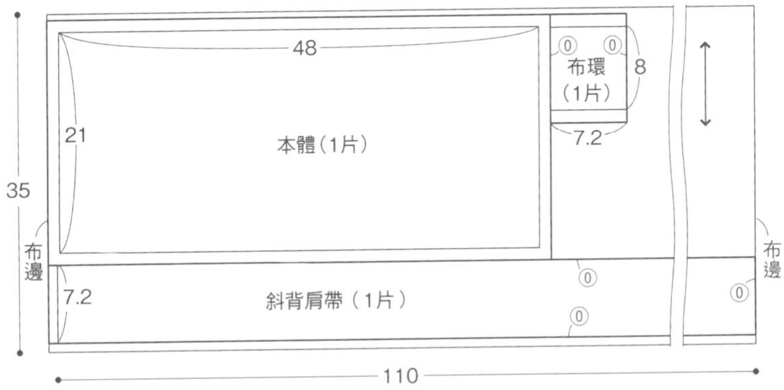
48
21
本體（1片）
0 0
布環（1片）
8
7.2
35
布邊
7.2
斜背肩帶（1片）
0
110
條紋布 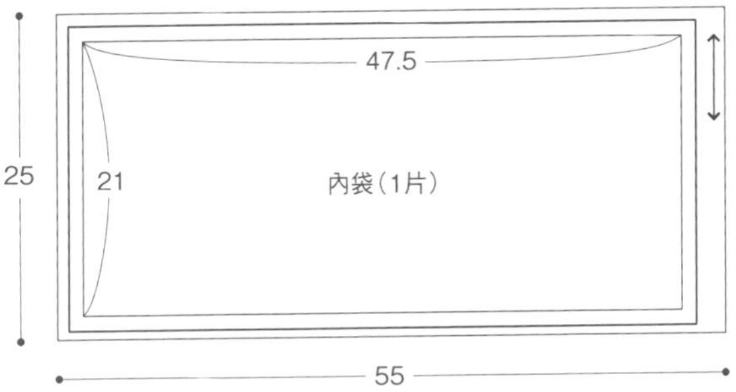
47.5
25
21
內袋（1片）
55
1. 製作斜背肩帶與布環 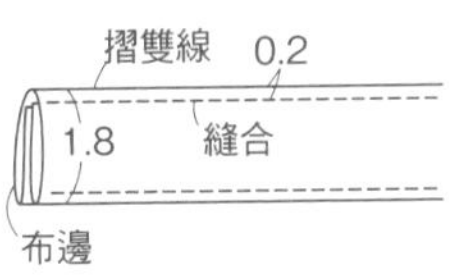
四摺邊
摺雙線 0.2
1.8
縫合
布邊
2. 將本體正面相對重疊後，縫合兩側側邊 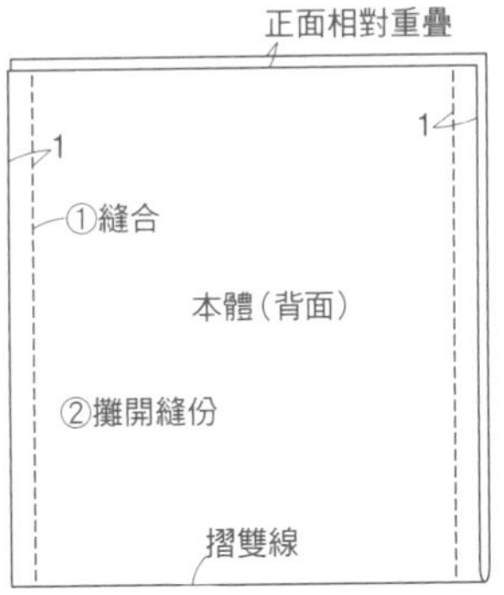
正面相對重疊
1
①縫合
本體（背面）
②攤開縫份
摺雙線
翻回正面
3. 將皮繩・斜背肩帶・布環疏縫於本體袋口上 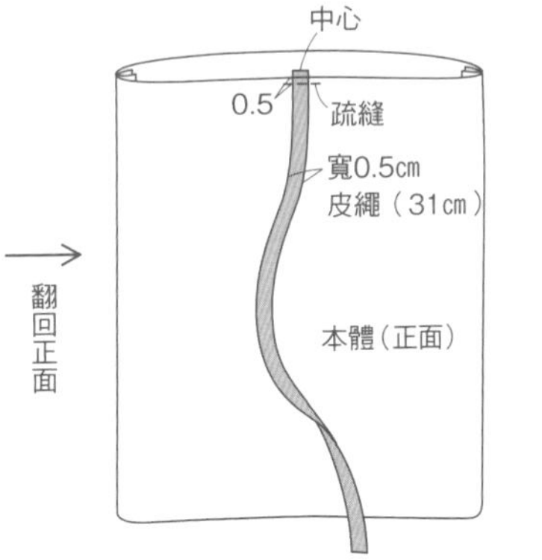
中心
0.5
疏縫
寬0.5cm皮繩（31cm）
本體（正面）
※如果皮繩不容易車縫，
可於上面墊一張描圖紙，
以便於滑動車縫。
描圖紙可在車縫完成後取下。 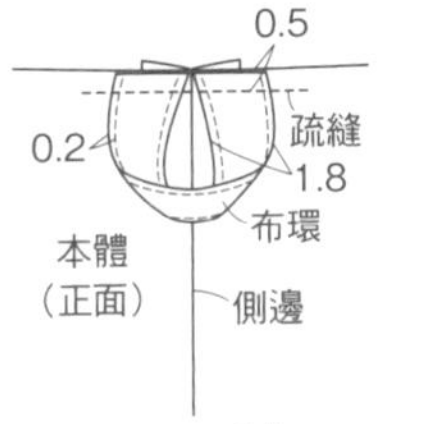 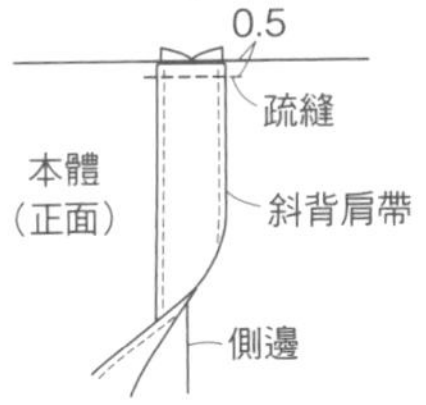
0.5
0.2
疏縫
1.8
布環
本體（正面）
側邊
斜背肩帶
完成圖
24
21
4. 製作內袋 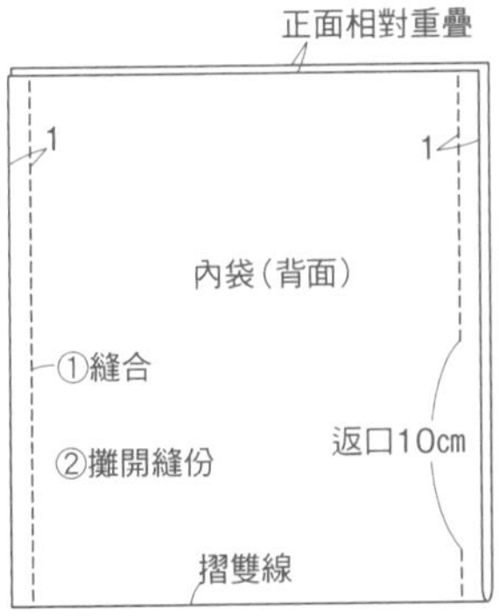
正面相對重疊
1
內袋（背面）
①縫合
②攤開縫份
返口10cm
摺雙線
5. 將本體與內袋正面相對重疊後，縫合袋口 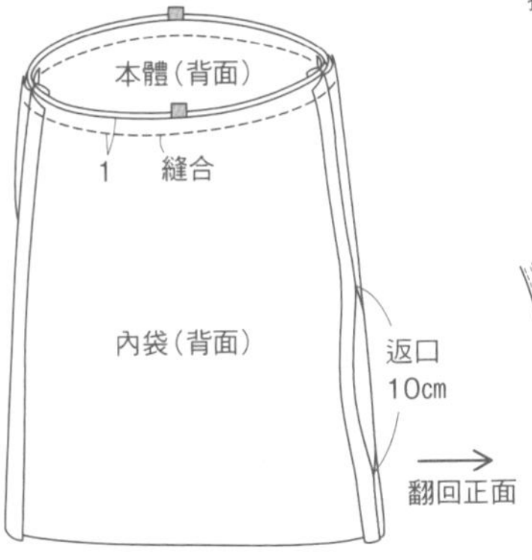
本體（背面）
1 縫合
內袋（背面）
返口10cm
翻回正面
6. 於袋口壓上裝飾線 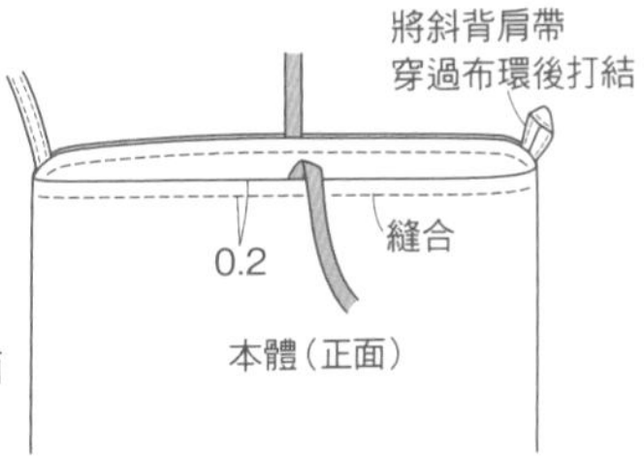
將斜背肩帶穿過布環後打結
0.2
縫合
本體（正面）

14 船形收納包 photo p.33

材料

本體…8號粉紅色帆布40cm×30cm
拉鍊口布・標籤布環
…11號灰色帆布60cm×10cm
長20cm拉鍊 1條
寬2.5cm織帶 30cm

完成尺寸

12.5×11×側身10cm

製作方法

1. 各部件的布料周圍皆以Z字形車縫處理。
2. 製作布環。
3. 將拉鍊口布與拉鍊接縫在一起。
4. 將拉鍊口布正面相對重疊，縫合兩側側邊。
5. 將本體正面相對重疊，插入布環，縫合側邊。
6. 縫合側身，再以織帶包捲整個縫份。
7. 將本體與拉鍊口布正面相對重疊，縫合袋口。縫完後翻回正面，再於袋口處壓裝飾線。

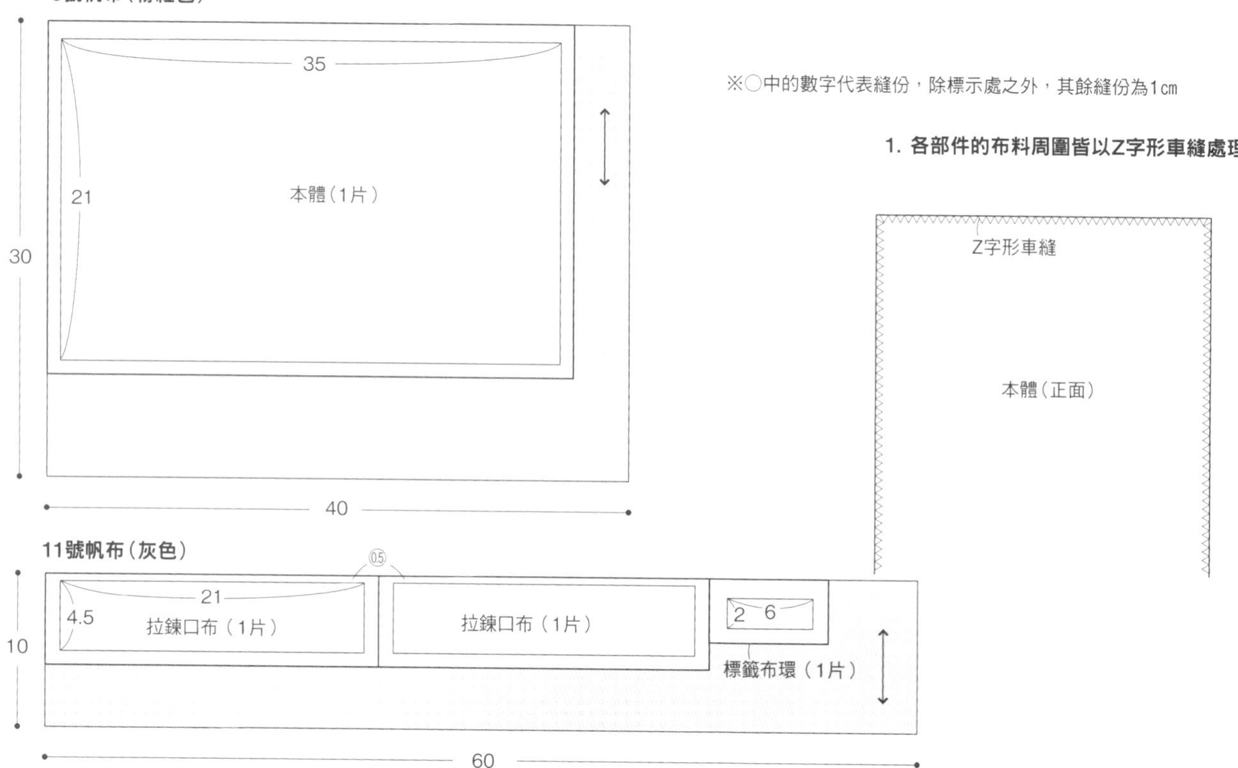

裁布圖
8號帆布（粉紅色）
35
21
本體（1片）
30
40
11號帆布（灰色）
0.5
21
4.5
拉鍊口布（1片）
拉鍊口布（1片）
2
6
標籤布環（1片）
10
60
※○中的數字代表縫份，除標示處之外，其餘縫份為1cm
1. 各部件的布料周圍皆以Z字形車縫處理
Z字形車縫
本體（正面）
拉鍊口布（正面）

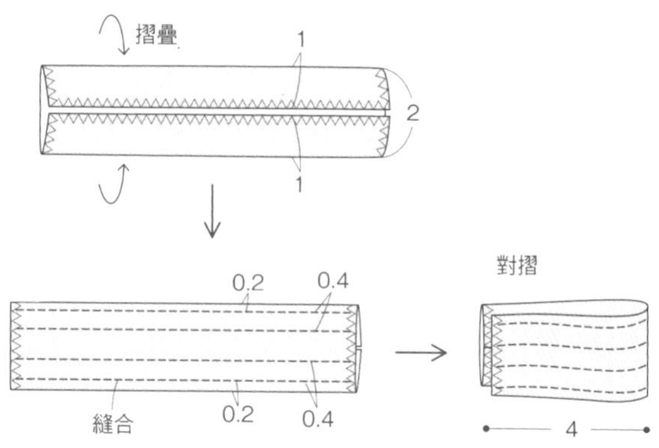

2. 製作標籤布環
摺疊
1
2
1
0.2
0.4
縫合
0.2
0.4
對摺
4

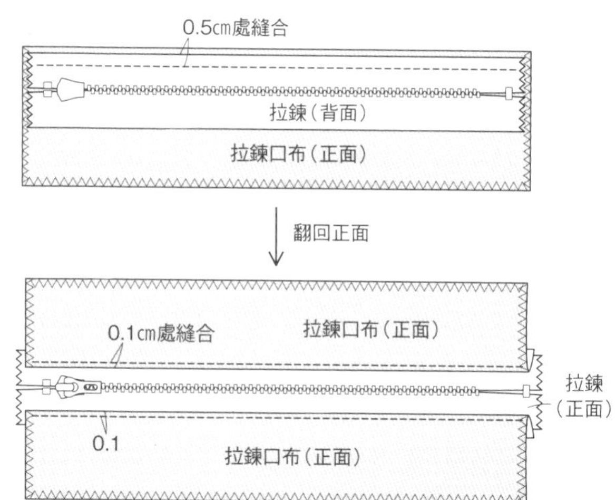

3. 將拉鍊接縫於拉鍊口布上
0.5cm處縫合
拉鍊（背面）
拉鍊口布（正面）
翻回正面
0.1cm處縫合
拉鍊口布（正面）
拉鍊
（正面）
0.1
拉鍊口布（正面）

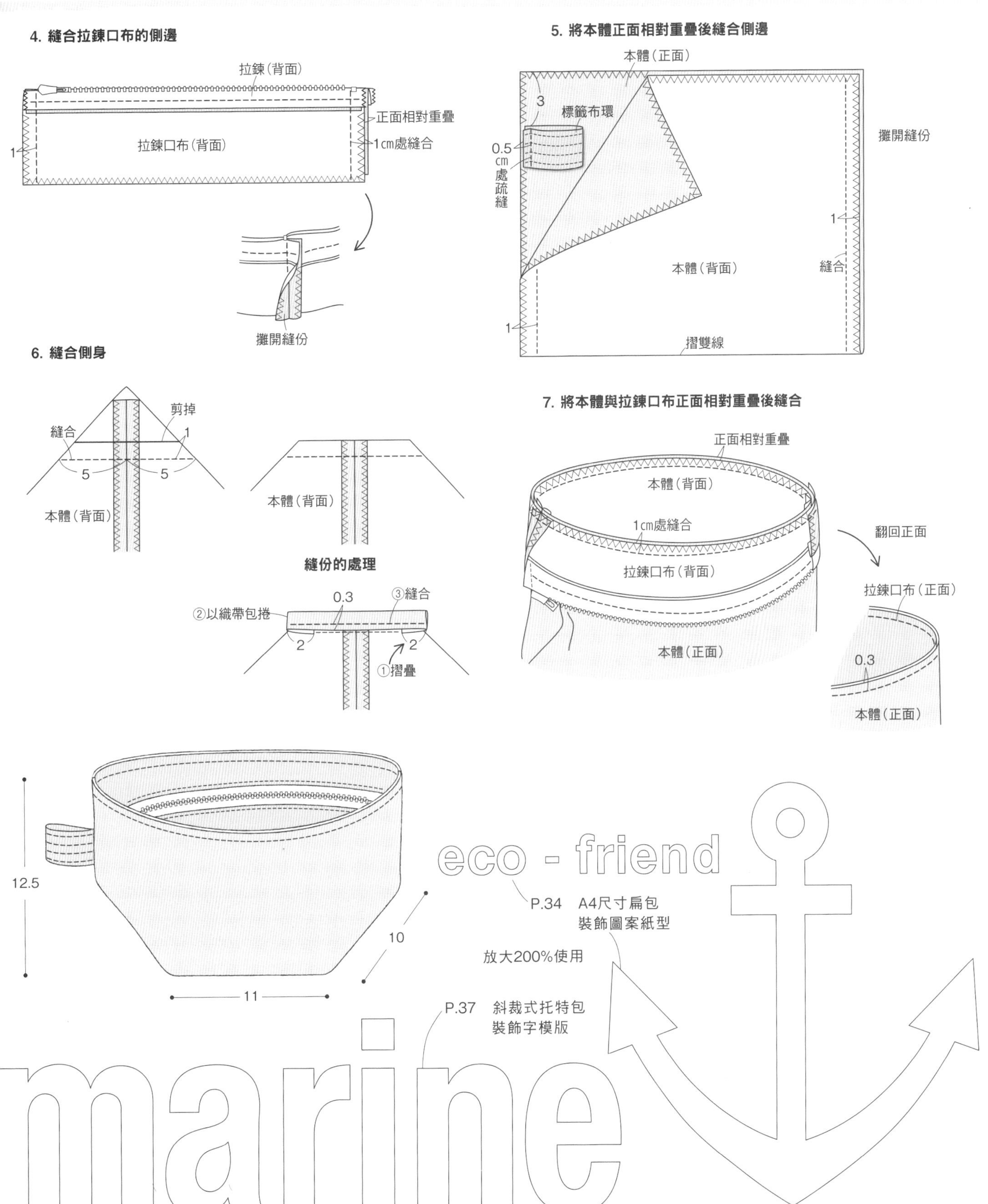
4. 縫合拉鍊口布的側邊
拉鍊(背面)
正面相對重疊
拉鍊口布(背面)
1cm處縫合
1
攤開縫份
5. 將本體正面相對重疊後縫合側邊
本體(正面)
3
標籤布環
0.5cm處疏縫
攤開縫份
1
本體(背面)
縫合
1
摺雙線
6. 縫合側身
剪掉
縫合
1
5
5
本體(背面)
本體(背面)
縫份的處理
0.3
③縫合
②以織帶包捲
2
2
①摺疊
7. 將本體與拉鍊口布正面相對重疊後縫合
正面相對重疊
本體(背面)
1cm處縫合
翻回正面
拉鍊口布(背面)
拉鍊口布(正面)
本體(正面)
0.3
本體(正面)
12.5
10
11
eco - friend
P.34 A4尺寸扁包
裝飾圖案紙型
放大200%使用
P.37 斜裁式托特包
裝飾字模版
marine

15 A4尺寸扁包

photo p.34

材料

（15 A4尺寸包款・海軍藍）
本體・提把表布…11號海軍藍帆布－80cm×40cm
提把裡布…細條紋10cm×50cm
白色不織布25×25cm、寬2cm織帶70cm
（15 A4尺寸包款・黃色）
本體・外口袋・提把表布…11號黃色帆布112cm×40cm
內袋・內口袋・提把裡布…11號水藍色帆布112cm×40cm
（13 購物提袋）
本體・提把…11號條紋帆布110cm×70cm
寬2cm織帶105cm

13 購物提袋

photo p.32

完成尺寸

（15）31×26cm（13）48×47cm

製作方法

1. （15海軍藍）先於本體接縫上裝飾圖案。（15黃色）先於本體上以模版塗刷上文字，縫上口袋，再將內袋加上內口袋。
2. 本體正面相對重疊後，縫合側邊。（15海軍藍）（13）以織帶完全包捲縫份，（15黃色）攤開縫份。
3. 製作提把，並接縫於本體上。（15黃色）將本體與內袋正面相對重疊後，提把部分夾入袋口後縫合。

★（13）製作方式請參閱步驟2以後的部分。裝飾圖案紙型與字體紙型請見P.79。

裁布圖

〈15〉11號帆布（海軍藍・黃色・水藍色）

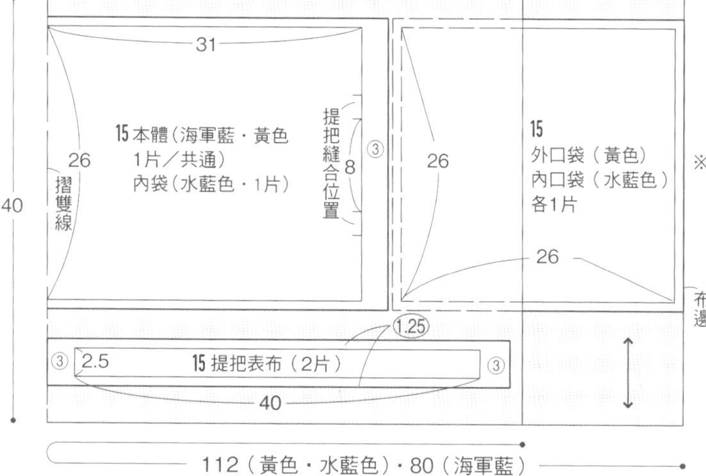
31
15本體（海軍藍・黃色
1片／共通）
內袋（水藍色・1片）
26
摺雙線
40
提把縫合位置
8
③
26
15
外口袋（黃色）
內口袋（水藍色）
各1片
26
布邊
1.25
③ 2.5
15提把表布（2片）
③
40
112（黃色・水藍色）・80（海軍藍）

※外口袋（黃色）
裁成25×25cm
（含縫份）

〈13〉11號帆布（條紋）

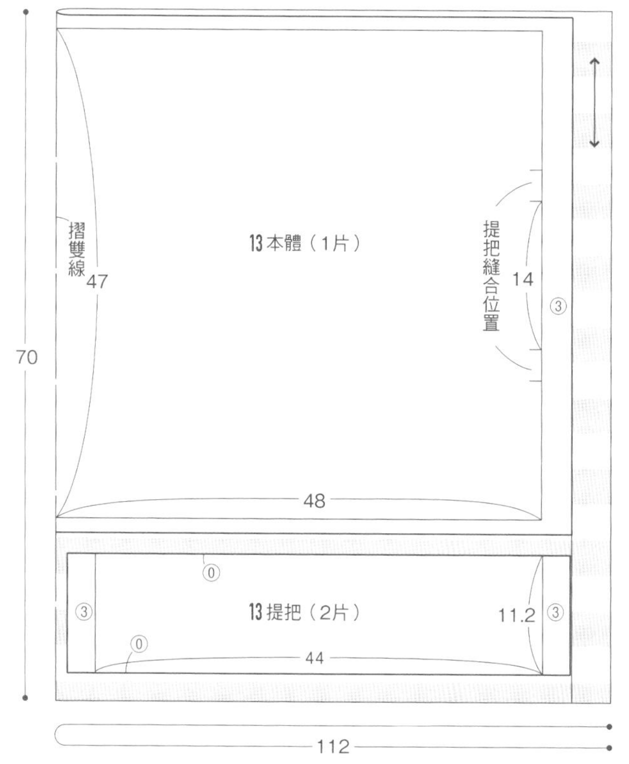
摺雙線
47
70
13本體（1片）
提把縫合位置
14
③
48
⓪
③
13提把（2片）
11.2
③
⓪
44
112

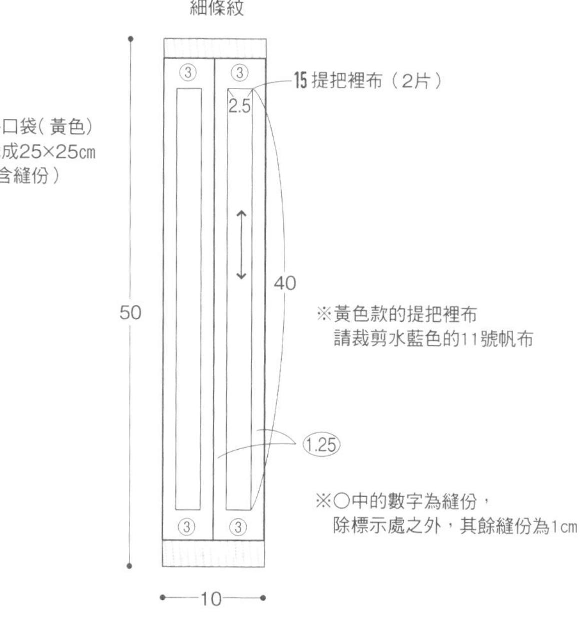
細條紋
③
③
15提把裡布（2片）
2.5
40
50
1.25
③
③
10

※黃色款的提把裡布
請裁剪水藍色的11號帆布

※○中的數字為縫份，
除標示處之外，其餘縫份為1cm

※請先注意條紋的位置
再進行裁剪

※13作品的製作方法
請參閱步驟2以後的部分

〈提把的製作方法〉

〈15〉提把

將兩條提把對齊合在一起

〈13〉

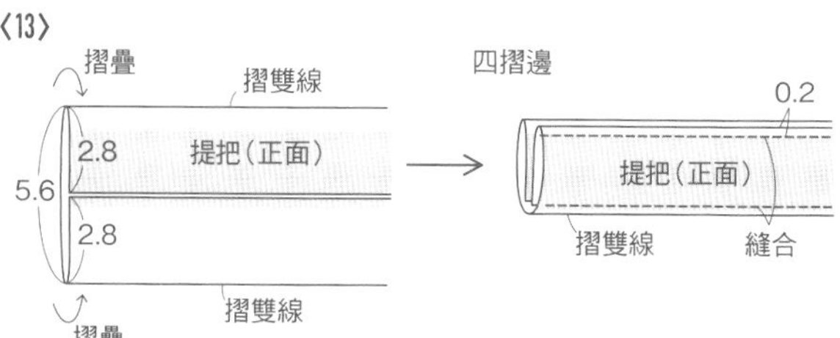
表布（正面）
摺雙線
2.5
摺雙線
（背面）
背面相對重疊
0.2
（正面）
提把裡布
縫合
摺疊
摺雙線
四摺邊
0.2
2.8
提把（正面）
5.6
2.8
摺雙線
摺疊
提把（正面）
摺雙線
縫合

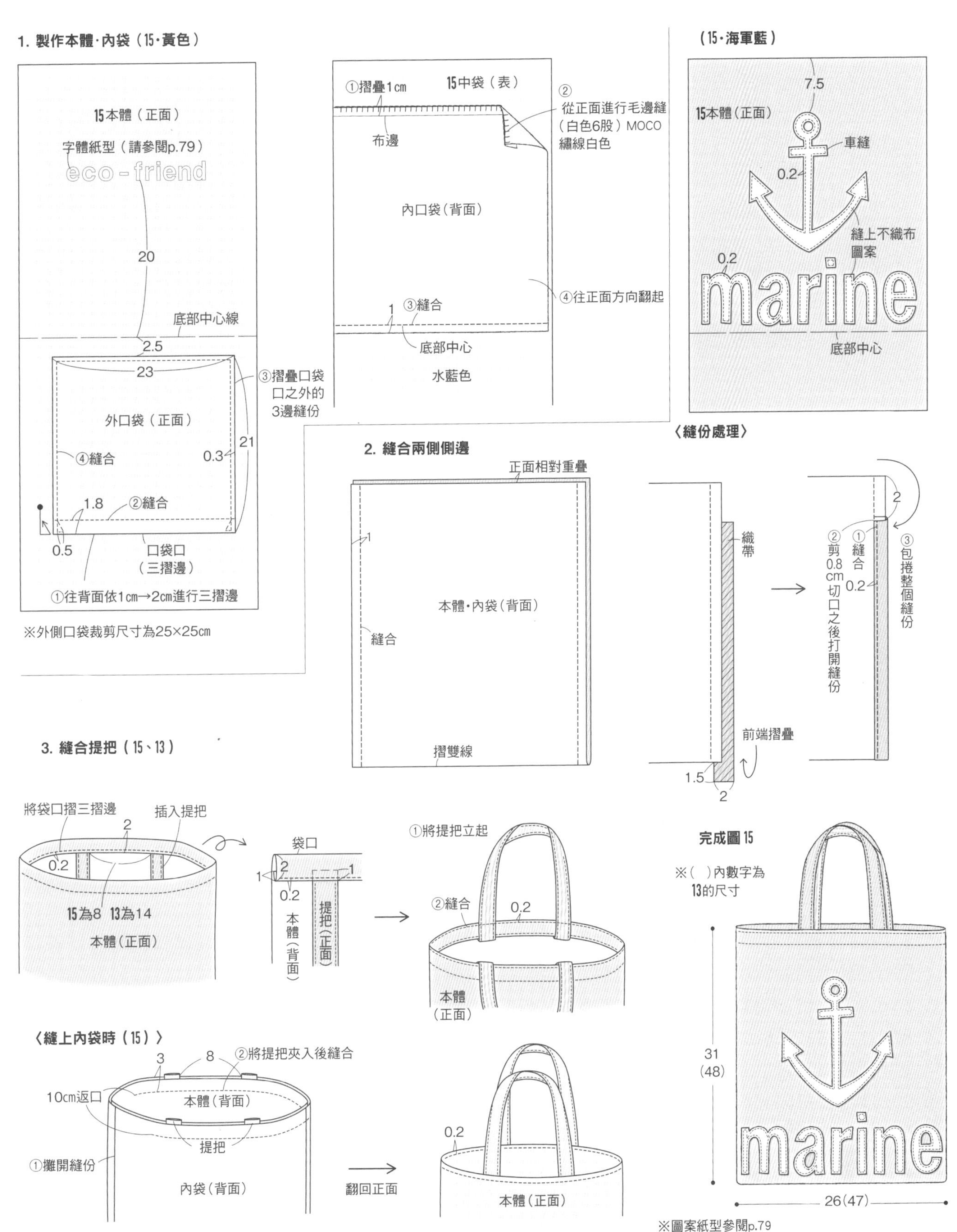
1. 製作本體·內袋（15·黃色）
15本體（正面）
字體紙型（請參閱p.79）
eco-friend
20
底部中心線
2.5
23
③摺疊口袋口之外的3邊縫份
外口袋（正面）
21
④縫合
0.3
1.8
②縫合
0.5
口袋口（三摺邊）
①往背面依1㎝→2㎝進行三摺邊
※外側口袋裁剪尺寸為25×25㎝
①摺疊1㎝
15中袋（表）
②從正面進行毛邊縫（白色6股）MOCO繡線白色
布邊
內口袋（背面）
④往正面方向翻起
1
③縫合
底部中心
水藍色
（15·海軍藍）
7.5
15本體（正面）
車縫
0.2
縫上不織布圖案
0.2
marine
底部中心
〈縫份處理〉
2. 縫合兩側側邊
正面相對重疊
1
本體·內袋（背面）
縫合
摺雙線
織帶
前端摺疊
1.5
2
2
①縫合
②剪0.8cm切口之後打開縫份
0.2
③包捲整個縫份
3. 縫合提把（15、13）
將袋口摺三摺邊
插入提把
2
0.2
15為8 13為14
本體（正面）
袋口
1
2
1
0.2
本體（背面）
提把（正面）
①將提把立起
②縫合
0.2
本體（正面）
完成圖15
※（ ）內數字為13的尺寸
31（48）
26（47）
〈縫上內袋時（15）〉
3
8
②將提把夾入後縫合
10㎝返口
本體（背面）
提把
①攤開縫份
內袋（背面）
翻回正面
0.2
本體（正面）
※圖案紙型參閱p.79

18 海軍風圓筒包 photo p.38

材料

本體・貼邊・四合釦釦絆
…11號白色帆布100cm×50cm
袋底…11號深藍色帆布60cm×30cm
條紋配色布…11號紅色帆布90cm×20cm
內袋・內袋底…條紋亞麻布90cm×65cm
黏著襯…50×10cm・直徑1.3cm四合釦1個
粗0.8cm繩子 140cm・內徑1cm雞眼4個

完成尺寸

35×底直徑26cm

製作方法

1. 本體袋口貼上黏著襯，再將條紋配色布重疊於本體上後縫合。
2. 將兩片本體正面相對重疊後縫合側邊。
3. 將兩片袋底與本體正面相對重疊後縫合。
   製作內袋，作法與本體相同。
4. 製作四合釦釦絆。
5. 將貼邊兩端縫合，並疏縫上四合釦釦絆，
   接著將內袋正面相對重疊後縫合。
6. 將本體與內袋正面相對重疊後，預留返口，縫合袋口。
7. 翻回正面，並於袋口處壓上裝飾線。
8. 裝上雞眼，將繩子穿過雞眼後打結。

★底部紙型請見p.103

裁布圖

11號帆布（白色）

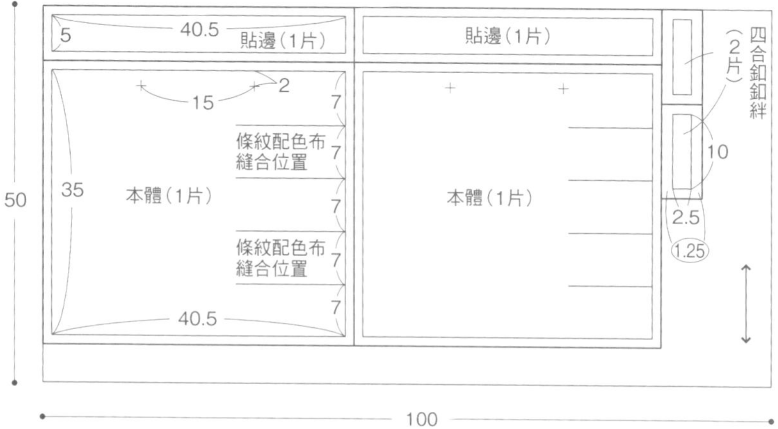

5
40.5
貼邊（1片）
貼邊（1片）
四合釦釦絆（2片）
2
15
7
條紋配色布縫合位置
10
35
本體（1片）
本體（1片）
2.5
1.25
40.5
50
100

11號帆布（深藍色）

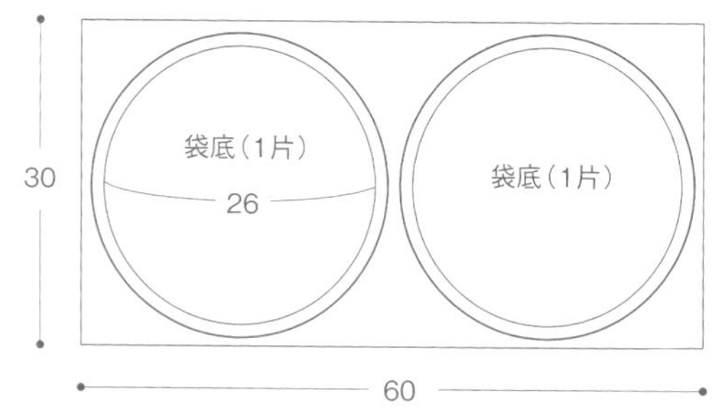

30
袋底（1片）
26
袋底（1片）
60

黏著襯

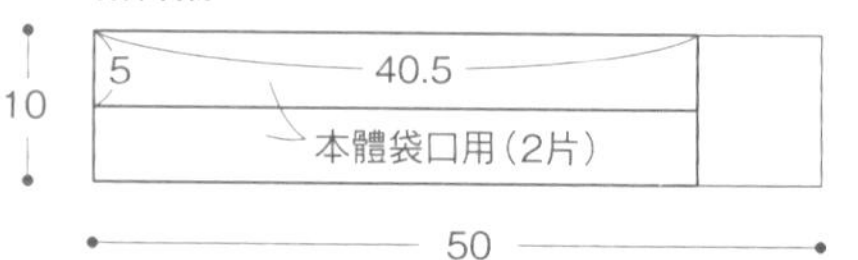

5
40.5
10
本體袋口用（2片）
50

11號帆布（紅色）

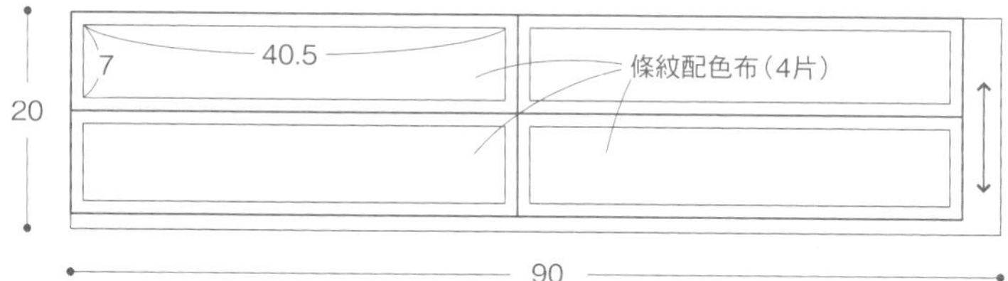

7
40.5
條紋配色布（4片）
20
90

※○中的數字為縫份，
除標示處之外，其餘縫份皆為1cm

亞麻布（條紋布）

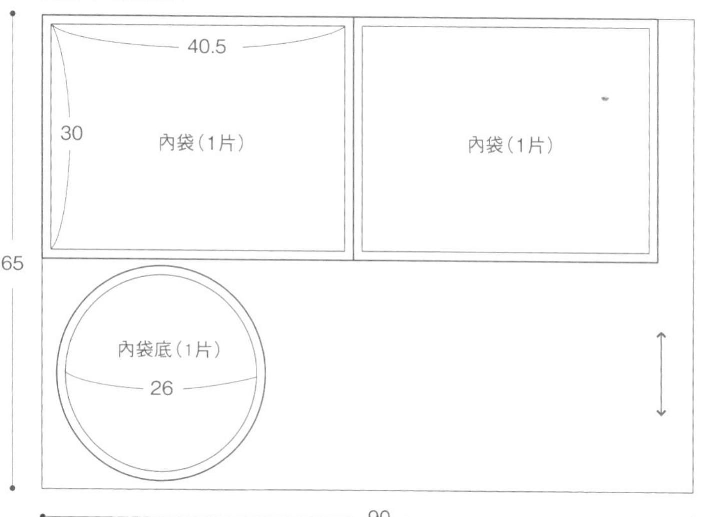

40.5
30
內袋（1片）
內袋（1片）
65
內袋底（1片）
26
90

1. 將條紋配色布配置於本體上縫合

①貼上黏著襯
1
本體（正面）
8
0.2
1
5
1
條紋配色布（正面）
摺疊1cm
②0.2cm處車縫
7
條紋配色布（正面）
8
製作兩片

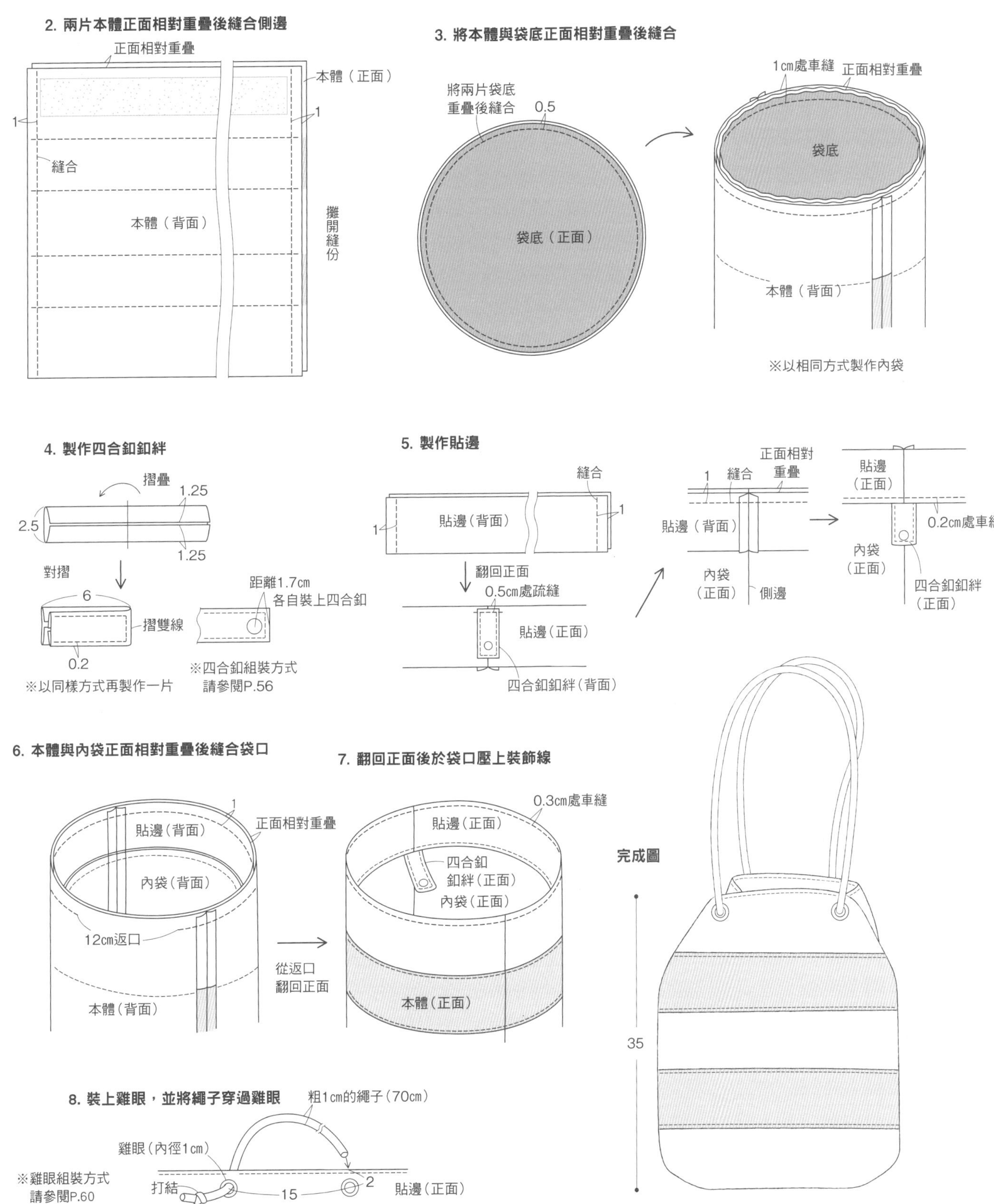
2. 兩片本體正面相對重疊後縫合側邊
正面相對重疊
本體（正面）
1
1
縫合
本體（背面）
攤開縫份
3. 將本體與袋底正面相對重疊後縫合
將兩片袋底
重疊後縫合
0.5
袋底（正面）
1cm處車縫
正面相對重疊
袋底
本體（背面）
※以相同方式製作內袋
4. 製作四合釦釦絆
摺疊
1.25
2.5
1.25
對摺
6
摺雙線
0.2
※以同樣方式再製作一片
距離1.7cm
各自裝上四合釦
※四合釦組裝方式
請參閱P.56
5. 製作貼邊
縫合
貼邊（背面）
1
1
翻回正面
0.5cm處疏縫
貼邊（正面）
四合釦釦絆（背面）
正面相對
重疊
1
縫合
貼邊（背面）
內袋
（正面）
側邊
貼邊
（正面）
0.2cm處車縫
內袋
（正面）
四合釦釦絆
（正面）
6. 本體與內袋正面相對重疊後縫合袋口
1
正面相對重疊
貼邊（背面）
內袋（背面）
12cm返口
本體（背面）
從返口
翻回正面
7. 翻回正面後於袋口壓上裝飾線
0.3cm處車縫
貼邊（正面）
四合釦
釦絆（正面）
內袋（正面）
本體（正面）
完成圖
35
26
8. 裝上雞眼，並將繩子穿過雞眼
粗1cm的繩子（70cm）
雞眼（內徑1cm）
※雞眼組裝方式
請參閱P.60
打結
15
2
貼邊（正面）

19 後背包 photo p.40

材料

本體・口袋…10號藏青色帆布112cm×80cm
內袋・內口袋…米色棉質厚織79號112cm×60cm
肩背帶・提把・布環・背帶固定片・口袋口滾邊布・
底布…11號深咖啡色帆布112cm×40cm
直徑1.3cm四合釦1組 粗0.3cm皮繩200cm
寬4cm日型環・D型環各2個

完成尺寸

45×32×側身6cm

製作方法

1. 製作口袋，並縫接於本體。
2. 將底布接合於本體上。
3. 製作肩背帶、提把，並縫接在本體後側。
4. 本體正面相對摺疊，縫合兩側側邊・側身。
5. 製作內口袋，並接合於內袋上。
   再將內袋正面相對摺疊，縫合兩側側邊・側身。
6. 將本體與內袋重疊，縫合穿繩口・穿繩通道。
7. 肩背帶穿過日型環後縫合固定。
8. 束口繩往相反方向穿拉之後打結。

裁布圖

※○中的數字為縫份，除標示處之外，其餘縫份為1cm

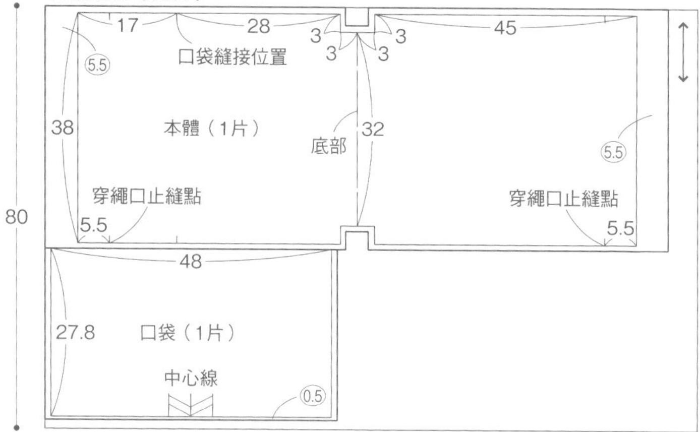

10號帆布（藏青）
17
28
45
口袋縫接位置
5.5
38
本體（1片）
底部
32
穿繩口止縫點
5.5
80
48
27.8
口袋（1片）
中心線
0.5
112

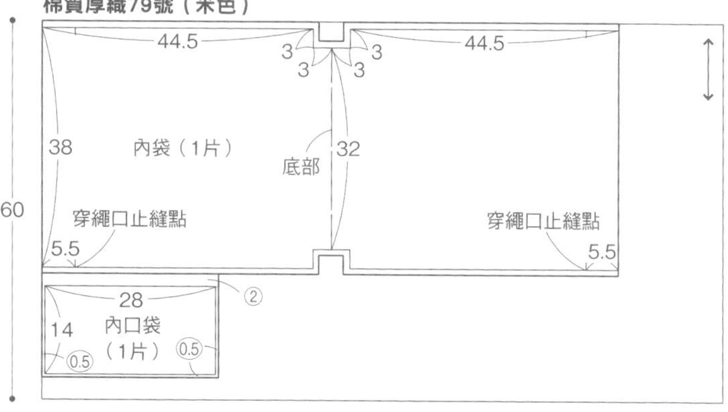

棉質厚織79號（米色）
44.5
44.5
38
內袋（1片）
底部
32
60
穿繩口止縫點
5.5
28
14
內口袋（1片）
0.5
2
112

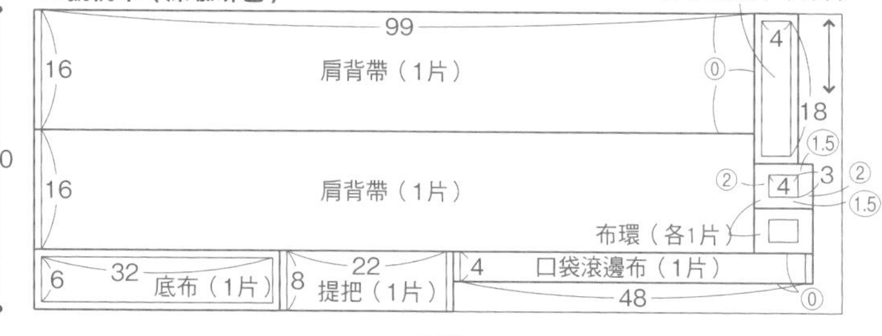

11號帆布（深咖啡色）
背帶固定片（1片）
99
16
肩背帶（1片）
4
18
1.5
40
16
肩背帶（1片）
布環（各1片）
6
32
底布（1片）
8
22
提把（1片）
口袋滾邊布（1片）
48
0
112

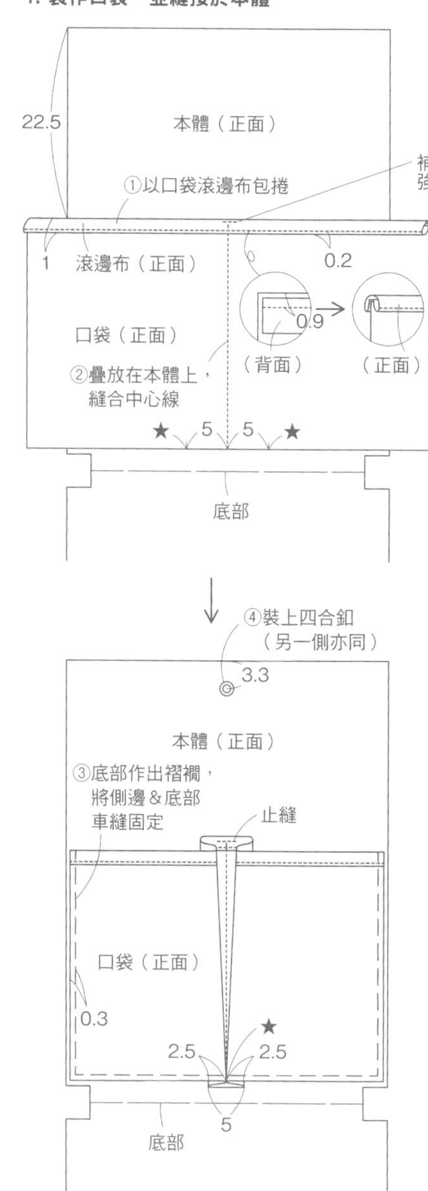

1. 製作口袋，並縫接於本體
22.5
本體（正面）
補強
①以口袋滾邊布包捲
1
滾邊布（正面）
0.2
0.9
口袋（正面）
（背面）
（正面）
②疊放在本體上，
縫合中心線
★ 5 5 ★
底部
④裝上四合釦
（另一側亦同）
3.3
本體（正面）
③底部作出褶襉，
將側邊＆底部
車縫固定
止縫
口袋（正面）
0.3
2.5
2.5
5
底部

2. 將底布接合於本體上

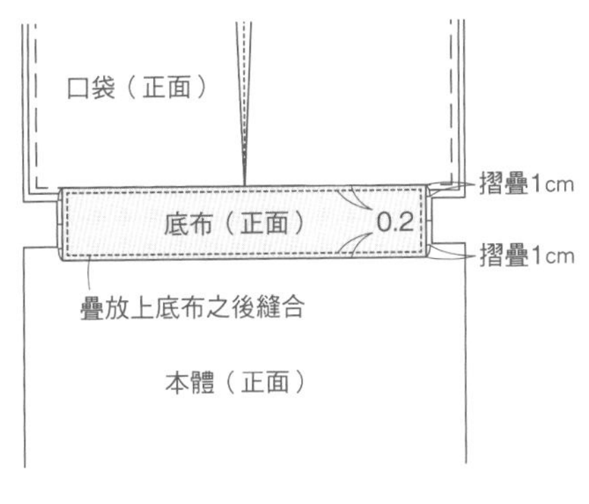
口袋（正面）
摺疊1cm
底布（正面）
0.2
摺疊1cm
疊放上底布之後縫合
本體（正面）

3. 製作肩背帶、提把，並縫接在本體後側

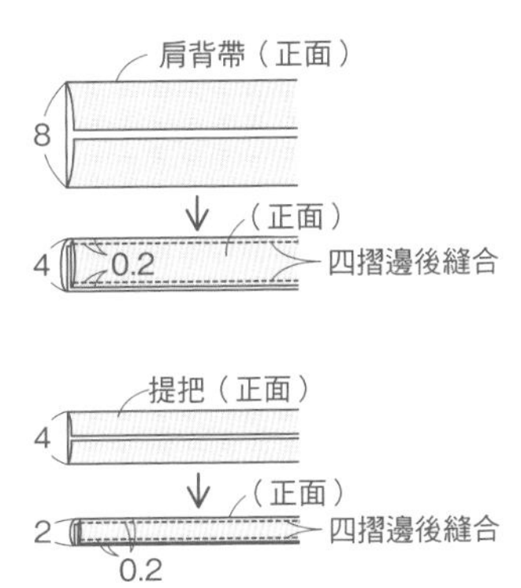
肩背帶（正面）
8
（正面）
4
0.2
四摺邊後縫合
提把（正面）
4
（正面）
2
四摺邊後縫合
0.2

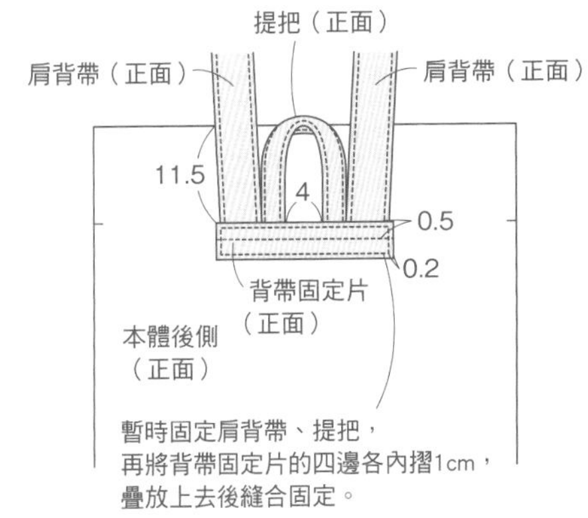
提把（正面）
肩背帶（正面）
肩背帶（正面）
11.5
4
0.5
0.2
背帶固定片
（正面）
本體後側
（正面）
暫時固定肩背帶、提把，
再將背帶固定片的四邊各內摺1cm，
疊放上去後縫合固定。

4. 本體正面相對摺疊，縫合兩側側邊・側身

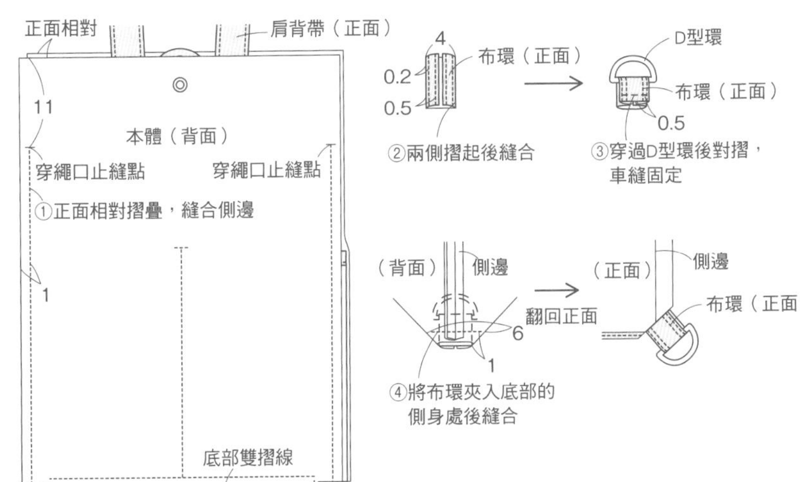
正面相對
肩背帶（正面）
11
本體（背面）
穿繩口止縫點
穿繩口止縫點
①正面相對摺疊，縫合側邊
1
底部雙摺線
4
0.2
0.5
布環（正面）
②兩側摺起後縫合
D型環
布環（正面）
0.5
③穿過D型環後對摺，
車縫固定
（背面）
側邊
6
1
翻回正面
④將布環夾入底部的
側身處後縫合
（正面）
側邊
布環（正面）

5. 製作內口袋，並接合於內袋上，再將內袋正面相對摺疊，縫合兩側側邊・側身

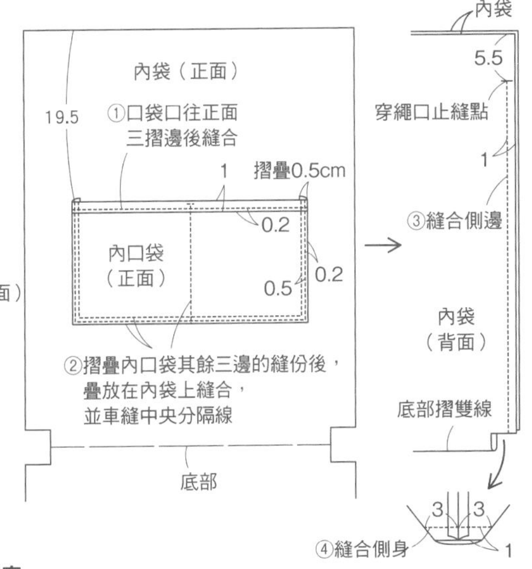
內袋（正面）
19.5
①口袋口往正面
三摺邊後縫合
1
摺疊0.5cm
0.2
內口袋
（正面）
0.5
0.2
②摺疊內口袋其餘三邊的縫份後，
疊放在內袋上縫合，
並車縫中央分隔線
底部
內袋
5.5
穿繩口止縫點
1
③縫合側邊
內袋
（背面）
底部摺雙線
3
3
④縫合側身
1

6. 將本體與內袋重疊，縫合穿繩口縫份・穿繩通道

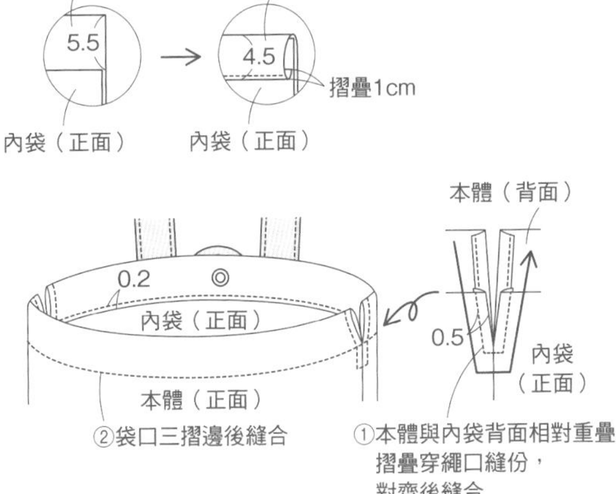
本體（背面）
5.5
內袋（正面）
本體（正面）
4.5
摺疊1cm
內袋（正面）
本體（背面）
0.2
內袋（正面）
本體（正面）
②袋口三摺邊後縫合
0.5
內袋
（正面）
①本體與內袋背面相對重疊，
摺疊穿繩口縫份，
對齊後縫合

7. 肩背帶穿過日型環後縫合固定

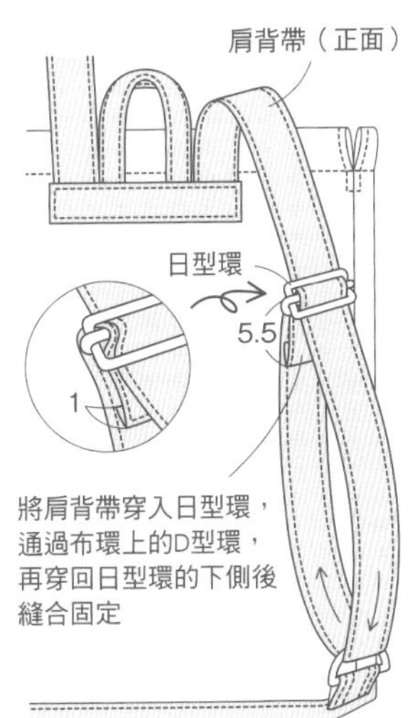
肩背帶（正面）
日型環
5.5
1
將肩背帶穿入日型環，
通過布環上的D型環，
再穿回日型環的下側後
縫合固定

完成圖

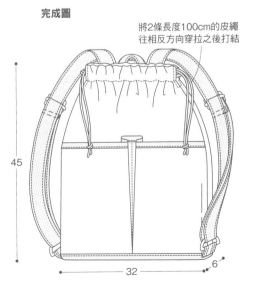

將2條長度100cm的皮繩
往相反方向穿拉之後打結

45

32

6

20 園藝工具袋 photo p.42

材料

本體・側身・側身口袋・前側口袋・提把裡布
…8號橄欖綠帆布90cm×90cm
底布・提把表布…11號苔蘚綠帆布90cm×40cm
內袋・內袋側身…條紋布 50cm×70cm

完成尺寸

25×30×側身13cm

製作方法

1. 將提把表布與裡布重疊縫合。
2. 摺疊本體與側身的袋口縫份。
3. 製作前側口袋與兩片側身口袋。
4. 將步驟**3**縫合於本體與側身。
5. 提把重疊於本體上後縫合，接著再將提把壓裝飾線。
6. 將底布重疊於步驟**5**後縫合。
7. 將本體與側身正面相對重疊後，依序順著底部、兩側邊縫合。
8. 製作內袋。
9. 將內袋放入本體，縫合袋口。

裁布圖
8號帆布（橄欖綠）

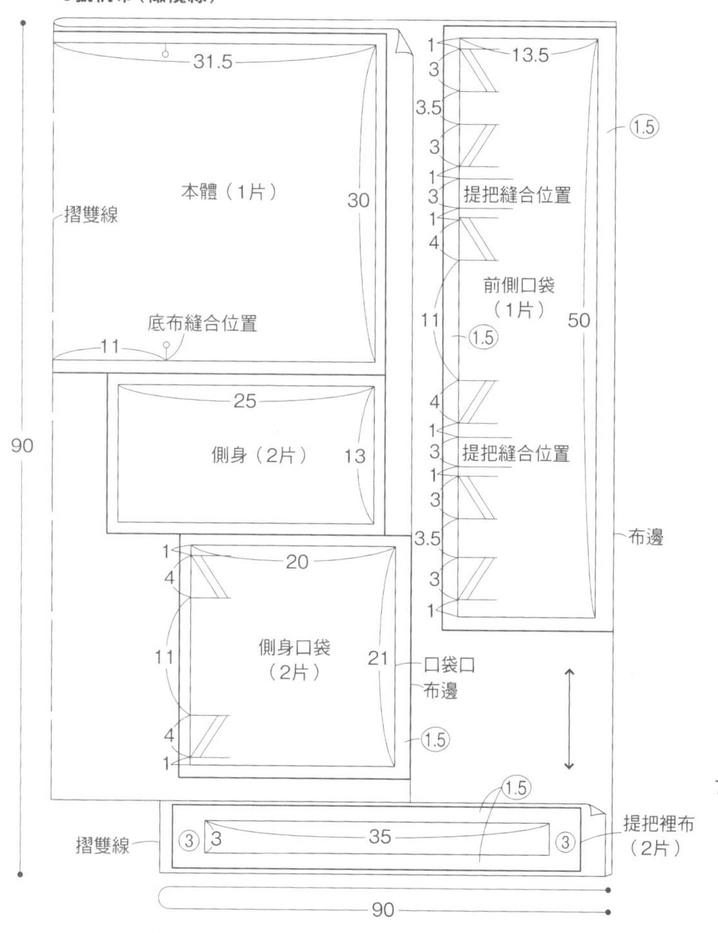

31.5
本體（1片）
30
摺雙線
底布縫合位置
11
25
側身（2片）
13
90
20
側身口袋
（2片）
21
口袋口
布邊
11
13.5
提把縫合位置
前側口袋
（1片）
50
布邊
35
摺雙線
提把裡布
（2片）
90

※○中的數字為縫份，除標示處之外，其餘縫份皆為1cm

11號帆布（苔蘚綠）

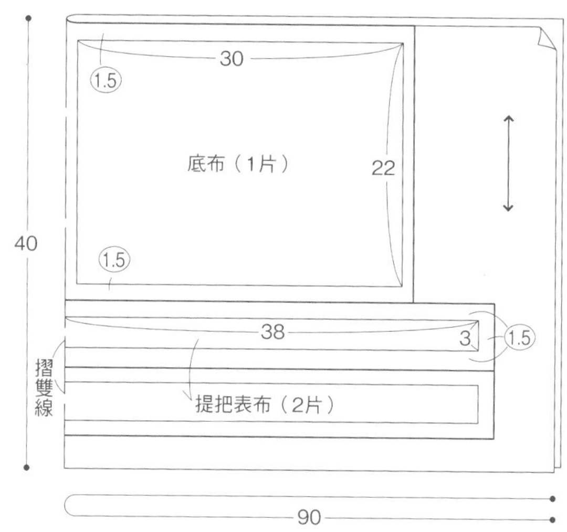

30
底布（1片）
22
40
38
3
摺雙線
提把表布（2片）
90

條紋布

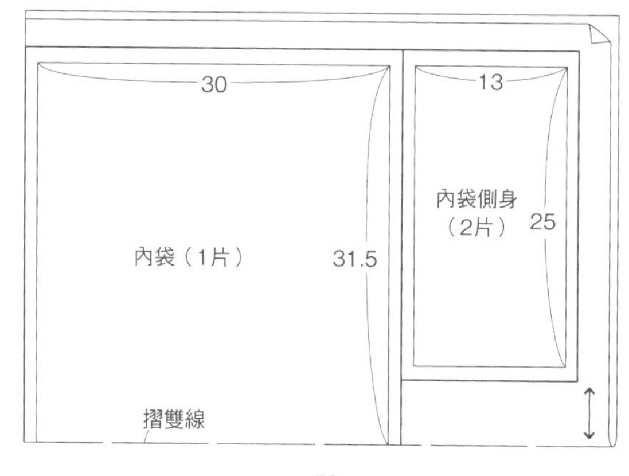

30
13
內袋側身
（2片）
25
70
內袋（1片）
31.5
摺雙線
50

1. 製作提把

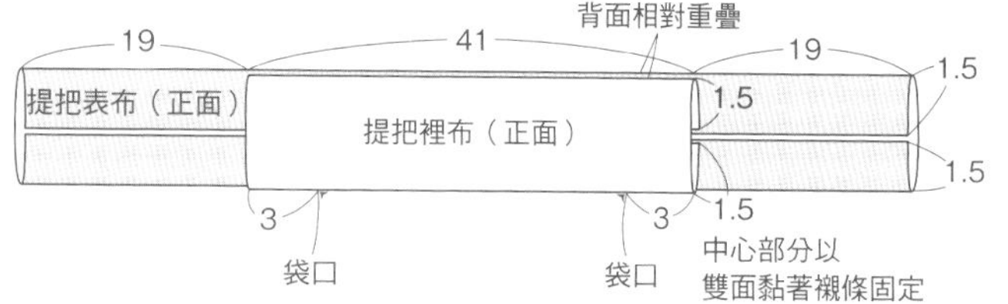

19
41
19
背面相對重疊
提把表布（正面）
提把裡布（正面）
1.5
3
袋口
3
袋口
中心部分以
雙面黏著襯條固定

2. 摺疊本體與側身的袋口縫份

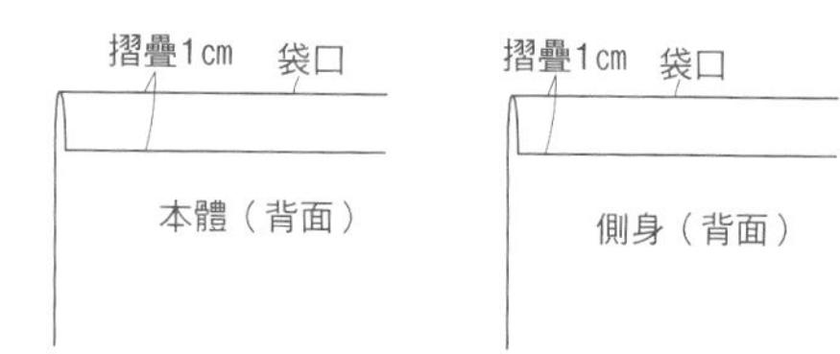

摺疊1cm
袋口
本體（背面）
摺疊1cm
袋口
側身（背面）

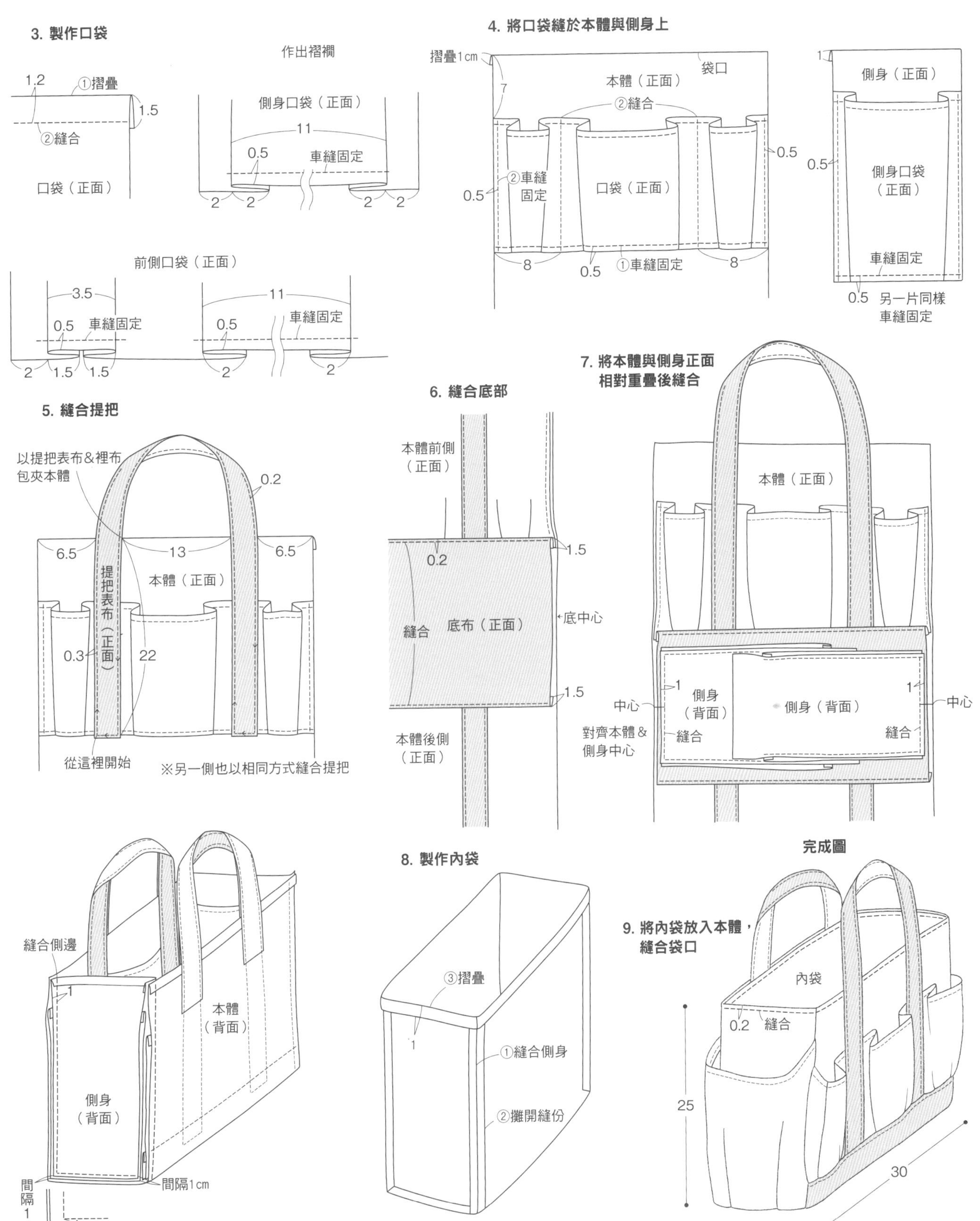
3. 製作口袋
1.2
①摺疊
1.5
②縫合
口袋（正面）
作出褶襉
側身口袋（正面）
11
0.5
車縫固定
2
2
2
2
前側口袋（正面）
3.5
0.5
車縫固定
2
1.5
1.5
11
0.5
車縫固定
2
2
4. 將口袋縫於本體與側身上
摺疊1cm
7
袋口
本體（正面）
②縫合
0.5
②車縫
固定
0.5
口袋（正面）
8
0.5
①車縫固定
8
1
側身（正面）
0.5
側身口袋
（正面）
車縫固定
0.5
另一片同樣
車縫固定
5. 縫合提把
以提把表布&裡布
包夾本體
0.2
6.5
13
6.5
本體（正面）
提把表布（正面）
0.3
22
從這裡開始
※另一側也以相同方式縫合提把
6. 縫合底部
本體前側
（正面）
0.2
1.5
縫合
底布（正面）
底中心
1.5
本體後側
（正面）
7. 將本體與側身正面
相對重疊後縫合
本體（正面）
1
側身
（背面）
側身（背面）
1
中心
中心
對齊本體&
側身中心
縫合
縫合
縫合側邊
1
本體
（背面）
側身
（背面）
間隔1cm
間
隔
1
cm
1
8. 製作內袋
③摺疊
1
①縫合側身
②攤開縫份
完成圖
9. 將內袋放入本體，
縫合袋口
內袋
0.2
縫合
25
30
13

22 波士頓包
photo p.46

23 旅行袋
photo p.48

材料

（22 波士頓包）本體・提把底襯布・口袋
…10 號紫色帆布 112 cm ×90 cm
底布・提把配色布・拉鍊耳絆布・四合釦底襠布
…11號紫色帆布110cm×40cm
長50cm樹脂拉鍊 1條
寬2.5cm織帶 110cm・直徑1.3cm四合釦 2個
（23 旅行袋）本體・提把底襯布・口袋
…10 號原色帆布 112 cm ×130 cm
底布…11號黑色帆布85cm×40cm
提把配色布・拉鍊耳絆布・四合釦底襠布
…11號灰色帆布30cm×130cm
長70cm樹脂拉鍊 1條
寬2.5cm織帶 140cm・直徑1.3cm 四合釦2個

完成尺寸

（22） 30.5×41×側身15cm
（23） 41.5×57×側身20cm

製作方法

1. 製作提把。
2. 摺疊口袋口後縫合。
3. 將口袋與提把縫於本體上。
4. 將底布縫於本體上。
5. 本體袋口處縫接上拉鍊。
6. 將本體正面相對重疊後縫合側邊，並處理縫份。
7. 縫合側身，再用織帶包捲縫份。
8. 製作拉鍊耳絆，並將拉鍊橫向裝接。
9. 裝上四合釦。

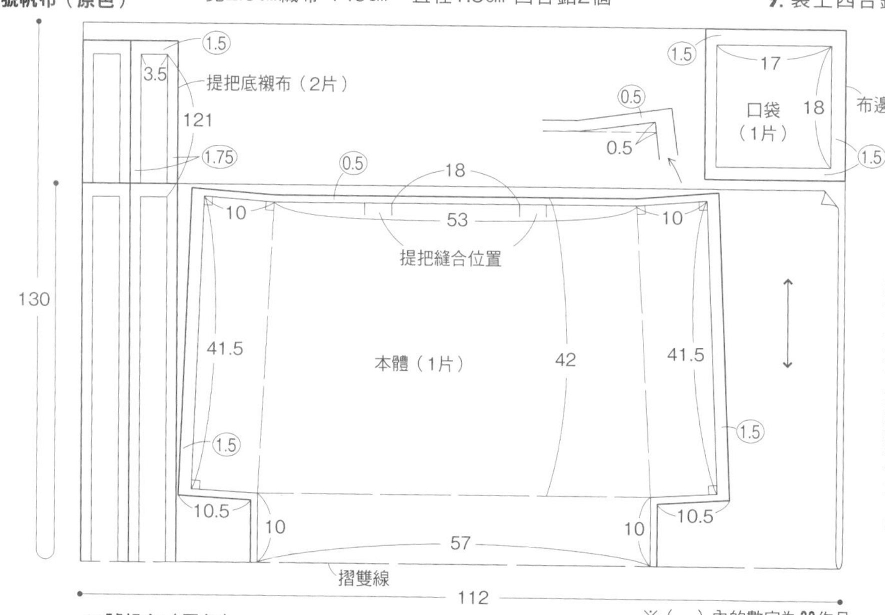

裁布圖（23）
10號帆布（原色）
1.5
3.5
提把底襯布（2片）
121
1.75
130
0.5
18
53
10
提把縫合位置
41.5
本體（1片）
42
41.5
1.5
10.5
10
57
10
10.5
摺雙線
112
1.5
17
口袋（1片）
18
布邊
1.5
0.5
0.5
※中的數字為縫份，除標示處之外，其餘縫份皆為1cm
※（ ）內的數字為23作品
11號帆布（黑色）
40
10
1.5
7
56.4
7
10
0.5
1.5
10
57
10
20
底布（1片）
20
10
1.5
7
7
1.5
85

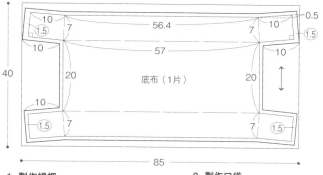

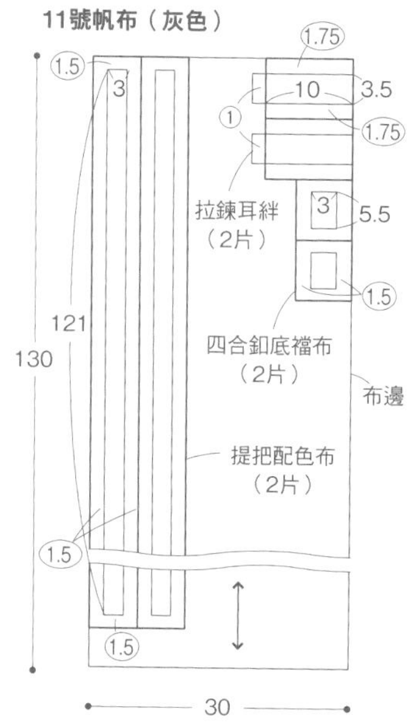

11號帆布（灰色）
1.5
3
1.75
10
3.5
1
1.75
3
5.5
拉鍊耳絆（2片）
1.5
121
130
四合釦底襠布（2片）
布邊
提把配色布（2片）
1.5
1.5
30

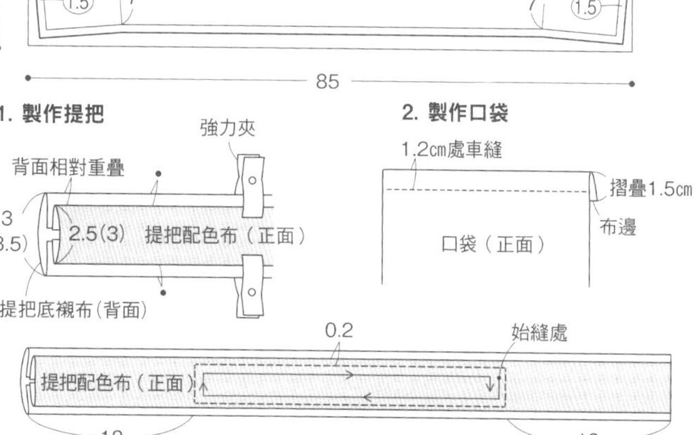

1. 製作提把
強力夾
背面相對重疊
3
(3.5)
2.5(3)
提把配色布（正面）
提把底襯布（背面）
0.2
始縫處
提把配色布（正面）
18
(25.5)
18
(25.5)
2. 製作口袋
1.2cm處車縫
摺疊1.5cm
布邊
口袋（正面）

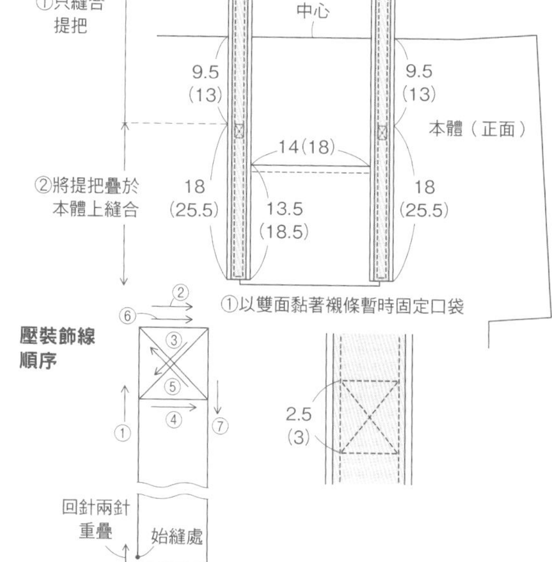

3. 將口袋與提把縫於本體上
①只縫合提把
中心
9.5
(13)
9.5
(13)
本體（正面）
14(18)
②將提把疊於本體上縫合
18
(25.5)
13.5
(18.5)
18
(25.5)
①以雙面黏著襯條暫時固定口袋
壓裝飾線順序
2
6
3
5
4
1
7
回針兩針重疊
始縫處
2.5
(3)

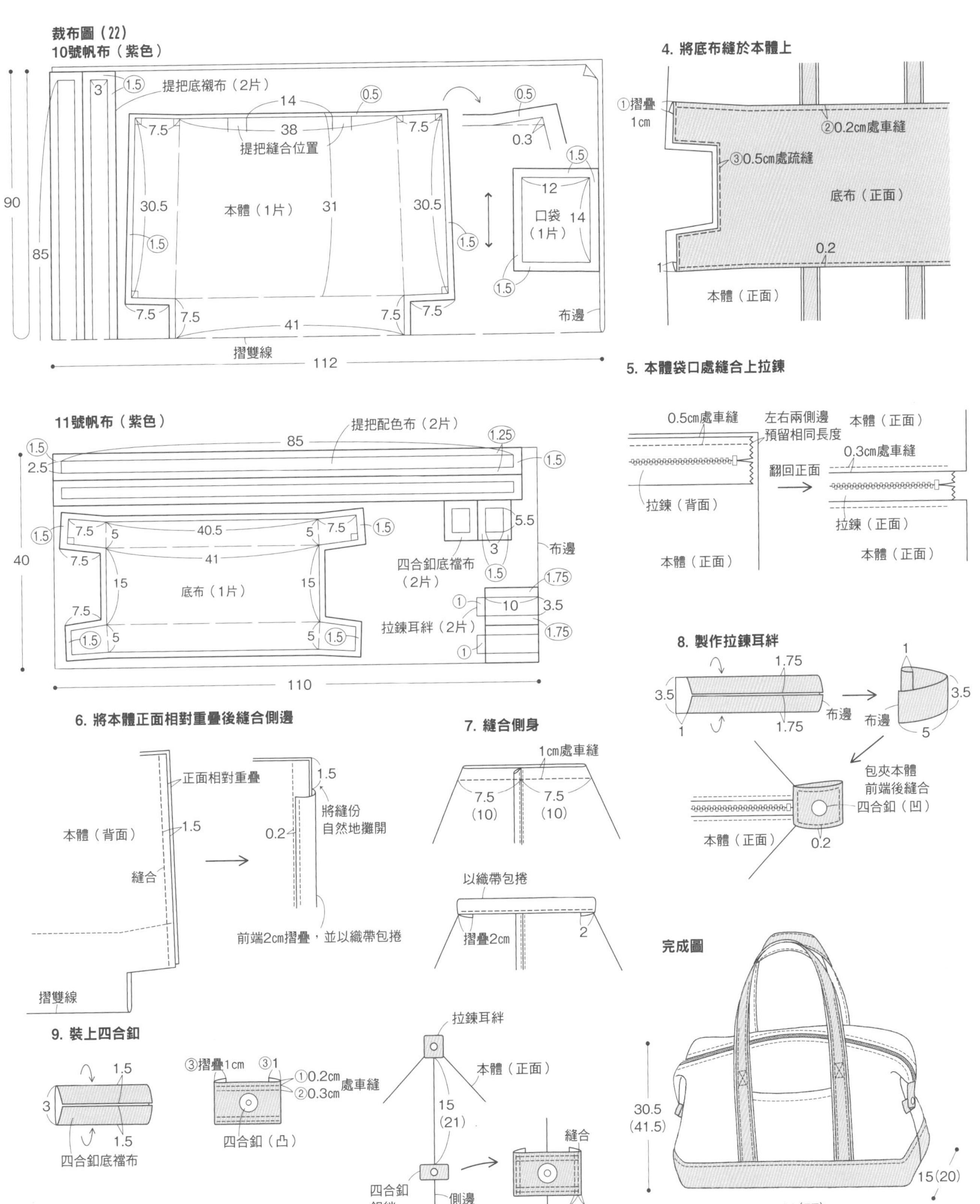

裁布圖（22）
10號帆布（紫色）
提把底襯布（2片）
提把縫合位置
本體（1片）
口袋（1片）
布邊
摺雙線
112
90
85
11號帆布（紫色）
提把配色布（2片）
85
底布（1片）
四合釦底擋布（2片）
拉鍊耳絆（2片）
布邊
40
110
4. 將底布縫於本體上
①摺疊1cm
②0.2cm處車縫
③0.5cm處疏縫
底布（正面）
本體（正面）
5. 本體袋口處縫合上拉鍊
0.5cm處車縫
左右兩側邊預留相同長度
本體（正面）
0.3cm處車縫
翻回正面
拉鍊（背面）
拉鍊（正面）
本體（正面）
6. 將本體正面相對重疊後縫合側邊
正面相對重疊
本體（背面）
縫合
摺雙線
將縫份自然地攤開
前端2cm摺疊，並以織帶包捲
7. 縫合側身
1cm處車縫
以織帶包捲
摺疊2cm
8. 製作拉鍊耳絆
布邊
包夾本體前端後縫合
四合釦（凹）
本體（正面）
9. 裝上四合釦
四合釦底擋布
③摺疊1cm
①0.2cm
②0.3cm
處車縫
四合釦（凸）
拉鍊耳絆
本體（正面）
15（21）
四合釦釦絆
側邊
縫合
完成圖
30.5（41.5）
15（20）
41（57）

24 水餃包 photo p.50

材料

本體・外袋底・內口袋・貼邊
…條紋麻質帆布98cm×100cm
內袋・內袋底・內口袋拉鍊擋布
…黃色厚織棉布79號112cm×50cm
黏著襯 70cm×100cm　長25cm拉鍊1條
提把INAZUMA BM-6004#25 深咖啡色 長度60cm 1組
摺雙摺的寬2cm黃色斜布條 110cm

完成尺寸

25×30×側身12cm

製作方法

1. 製作內口袋。
2. 將2片本體貼上黏著襯，正面相對重疊後縫合側邊。
3. 本體＆袋底正面相對後縫合。
4. 內袋縫上貼邊。
5. 本體與內袋重疊後，將袋口滾邊。
6. 裝上提把。

★本體＆底部的紙型請見p.103

裁布圖　※○中的數字為縫份，除標示處之外，其餘縫份為1cm

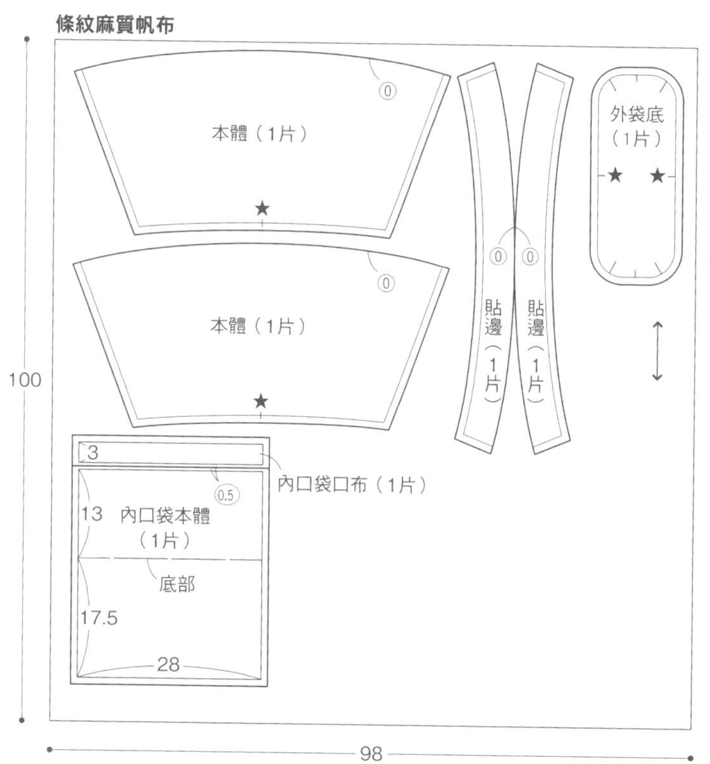

條紋麻質帆布
本體（1片）
本體（1片）
0
貼邊（1片）
貼邊（1片）
外袋底（1片）
3
0.5
內口袋口布（1片）
13
內口袋本體（1片）
底部
17.5
28
100
98
厚織棉布79號（黃色）
內袋（1片）
內袋（1片）
內袋底（1片）
5
5
2.5
拉鍊擋布（不須外加縫份，各裁切1片）
50
112

※○中的數字為縫份，除標示處之外，其餘縫份為1cm

1. 製作內口袋

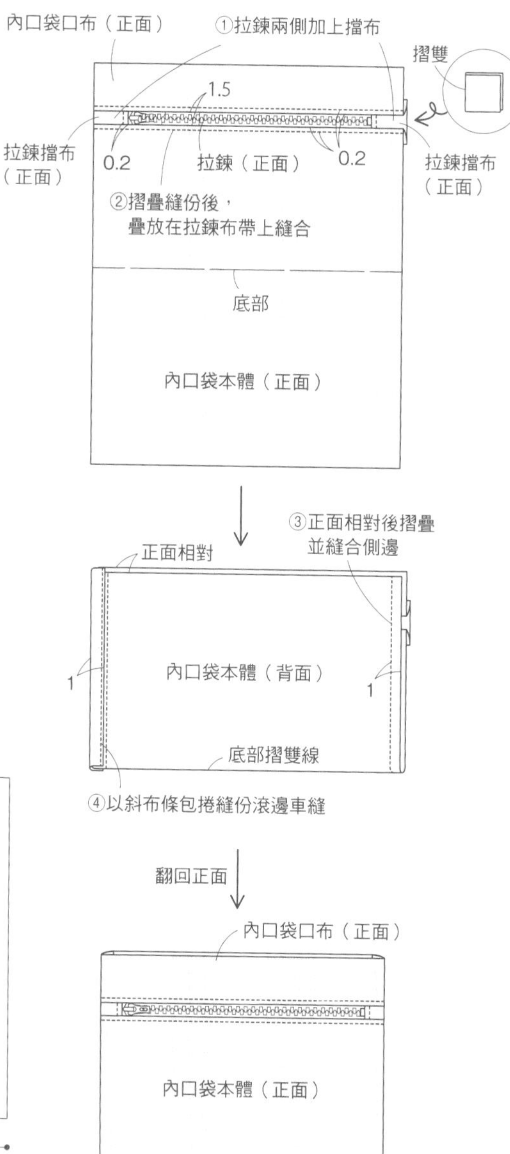

內口袋口布（正面）
①拉鍊兩側加上擋布
摺雙
1.5
拉鍊擋布（正面）
0.2
拉鍊（正面）
0.2
拉鍊擋布（正面）
②摺疊縫份後，疊放在拉鍊布帶上縫合
底部
內口袋本體（正面）
③正面相對後摺疊並縫合側邊
正面相對
1
內口袋本體（背面）
1
底部摺雙線
④以斜布條包捲縫份滾邊車縫
翻回正面
內口袋口布（正面）
內口袋本體（正面）

2. 將2片本體貼上黏著襯，正面相對重疊後縫合側邊

3. 本體＆外袋底正面相對後縫合

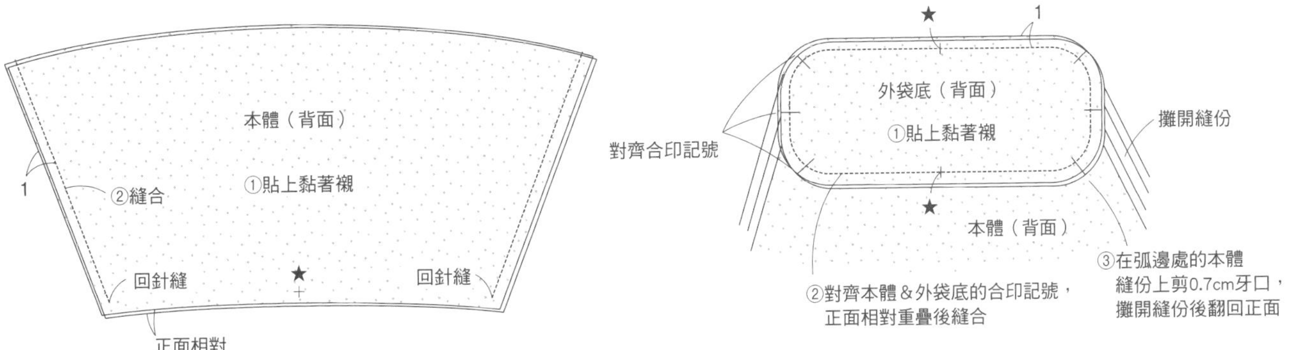

本體（背面）
①貼上黏著襯
1
②縫合
回針縫
★
回針縫
正面相對
★
1
外袋底（背面）
①貼上黏著襯
對齊合印記號
攤開縫份
★
本體（背面）
②對齊本體＆外袋底的合印記號，
正面相對重疊後縫合
③在弧邊處的本體
縫份上剪0.7cm牙口，
攤開縫份後翻回正面

4. 內袋縫上貼邊

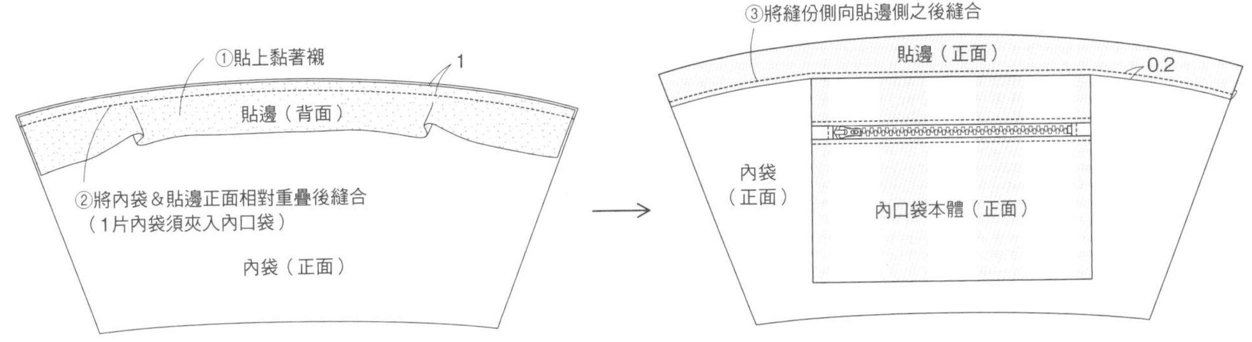

①貼上黏著襯
1
貼邊（背面）
②將內袋＆貼邊正面相對重疊後縫合
（1片內袋須夾入內口袋）
內袋（正面）
③將縫份側向貼邊側之後縫合
貼邊（正面）
0.2
內袋
（正面）
內口袋本體（正面）

※以本體相同作法，內袋正面相對重疊後縫合側邊，
再與貼上黏著襯的內袋底正面相對縫合

5. 本體與內袋重疊後，將袋口滾邊

完成圖

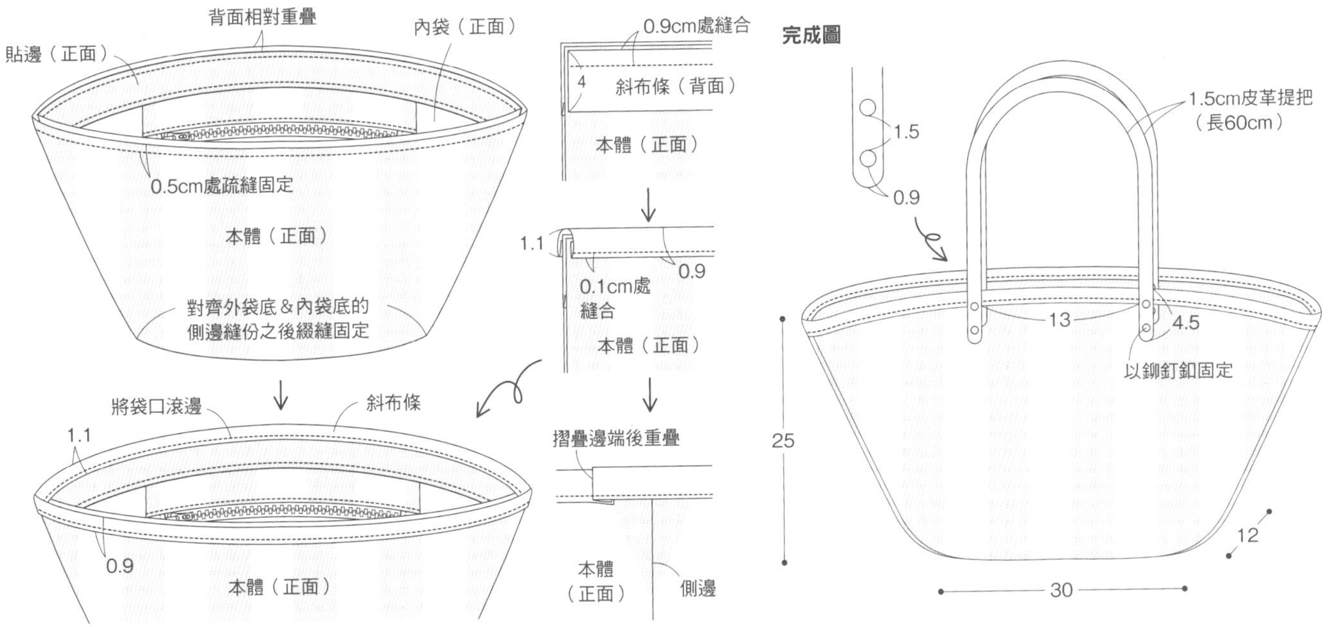

背面相對重疊
貼邊（正面）
內袋（正面）
0.5cm處疏縫固定
本體（正面）
對齊外袋底＆內袋底的
側邊縫份之後綴縫固定
0.9cm處縫合
4
斜布條（背面）
本體（正面）
1.1
0.9
0.1cm處
縫合
本體（正面）
摺疊邊端後重疊
本體
（正面）
側邊
將袋口滾邊
斜布條
1.1
0.9
本體（正面）
1.5
0.9
1.5cm皮革提把
（長60cm）
13
4.5
以鉚釘釦固定
25
12
30

25 蛋糕盒專用包 photo p.51

材料

本體・袋底…11號深藍色帆布60cm×110cm
內袋・內袋底・提把・提把環
…印花棉布 110cm×120cm
黏著襯110cm×50cm

完成尺寸

38×30×側身28cm

製作方法

1. 製作提把。
2. 製作提把環。
3. 兩片本體正面相對重疊後，縫合兩側側邊。
4. 將本體與袋底正面相對重疊後縫合。
5. 製作內袋。
6. 將本體與內袋正面相對重疊後，縫合袋口。
7. 翻回正面，縫合返口。縫上提把環。
8. 將提把穿過提把環，打結。

裁布圖

11號帆布（深藍色）

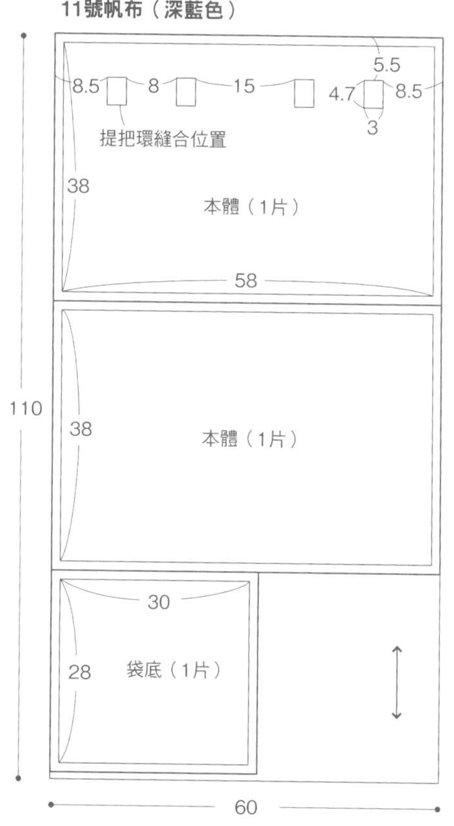

5.5
8.5
8
15
4.7
8.5
3
提把環縫合位置
38
本體（1片）
58
110
38
本體（1片）
30
28
袋底（1片）
60

※○中的數字為縫份，
除標示處之外，其餘縫份皆為1cm

印花棉布

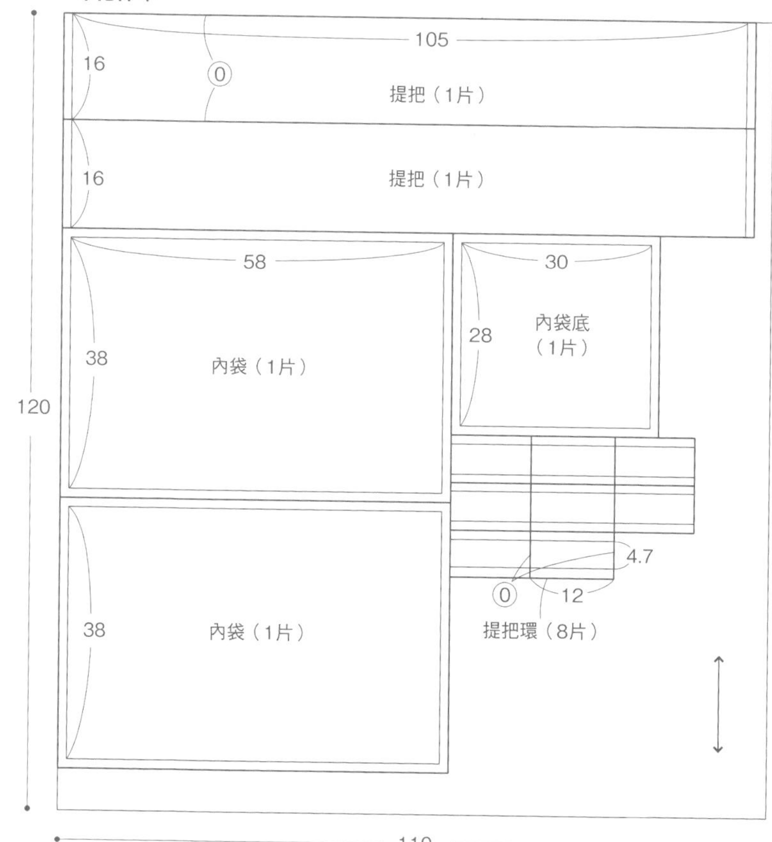

105
16
0
提把（1片）
16
提把（1片）
58
30
38
內袋（1片）
28
內袋底
（1片）
120
4.7
0
12
38
內袋（1片）
提把環（8片）
110

黏著襯

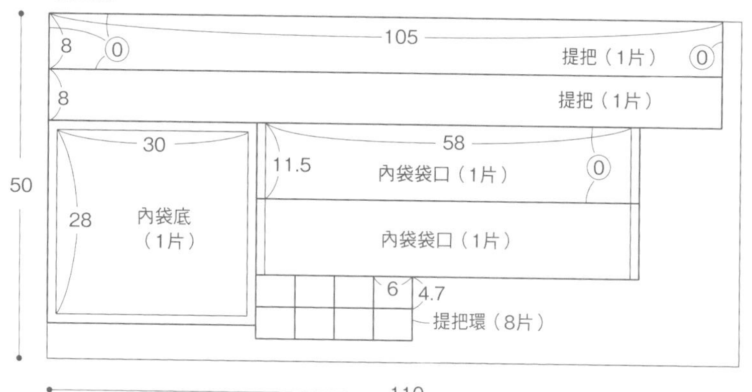

105
8
0
提把（1片）
0
8
提把（1片）
30
58
11.5
內袋袋口（1片）
0
50
28
內袋底
（1片）
內袋袋口（1片）
6
4.7
提把環（8片）
110

1. 製作提把

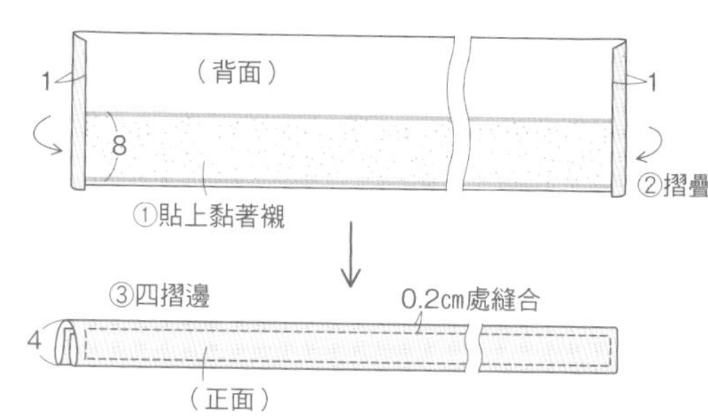

（背面）
1
1
8
②摺疊
①貼上黏著襯
③四摺邊
0.2cm處縫合
4
（正面）

2. 製作提把環

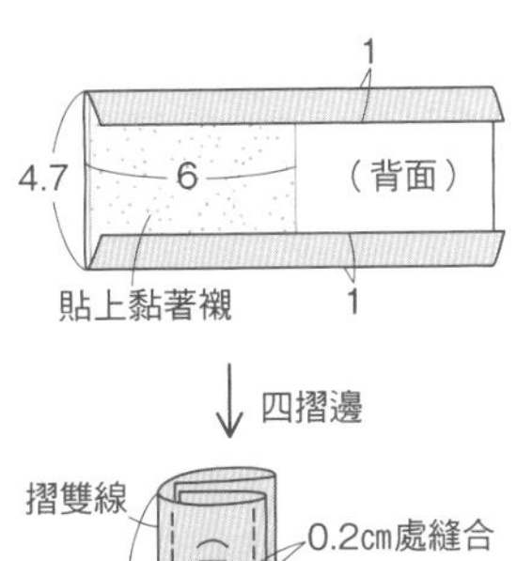

1
4.7
6
（背面）
貼上黏著襯
1
四摺邊
摺雙線
0.2㎝處縫合
4.7
（正面）
製作八片
3

3. 將兩片本體正面相對重疊後縫合

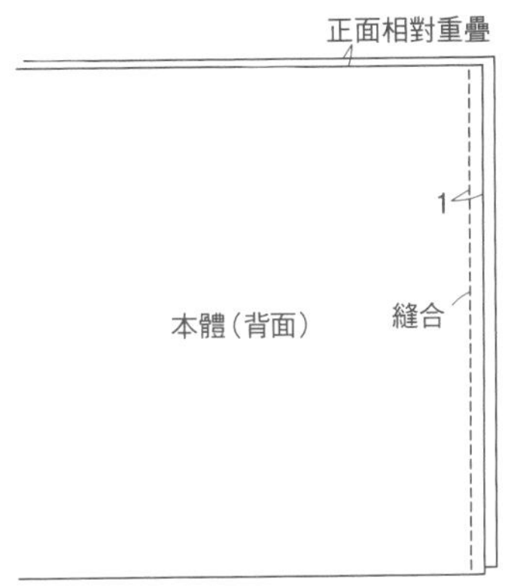

正面相對重疊
1
本體（背面）
縫合

4. 將本體與袋底正面相對重疊後縫合

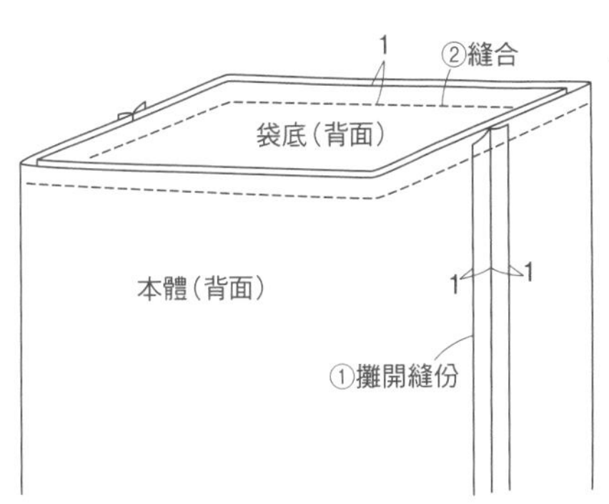

1
②縫合
袋底（背面）
本體（背面）
1
1
①攤開縫份

5. 製作內袋

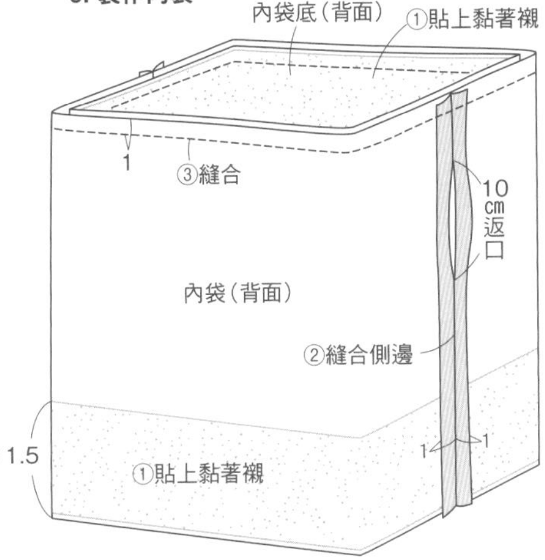

內袋底（背面）
①貼上黏著襯
1
③縫合
10㎝返口
內袋（背面）
②縫合側邊
11.5
①貼上黏著襯
1
1

袋口朝上

6. 將本體與內袋正面相對重疊後縫合

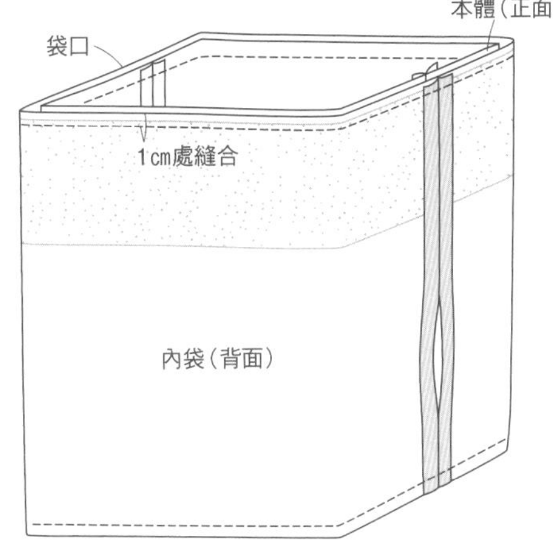

本體（正面）
袋口
1㎝處縫合
內袋（背面）

翻回正面，
縫合返口

7. 縫上提把環

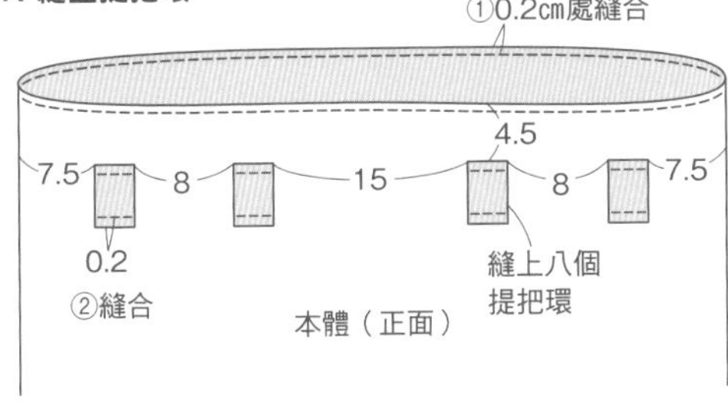

①0.2㎝處縫合
4.5
7.5
8
15
8
7.5
0.2
②縫合
縫上八個
提把環
本體（正面）

8. 將提把穿過提把環

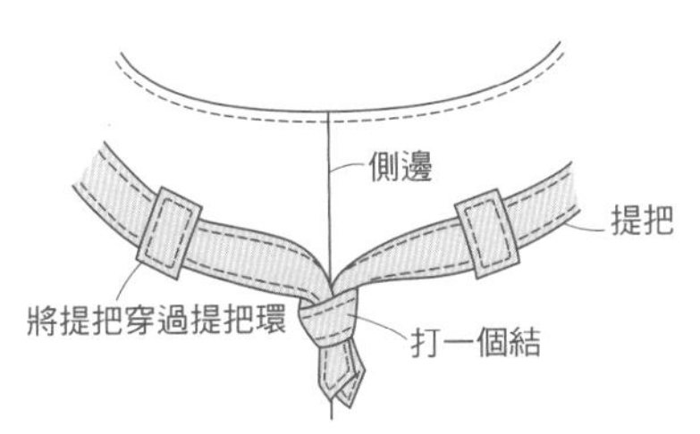

側邊
提把
將提把穿過提把環
打一個結

完成圖

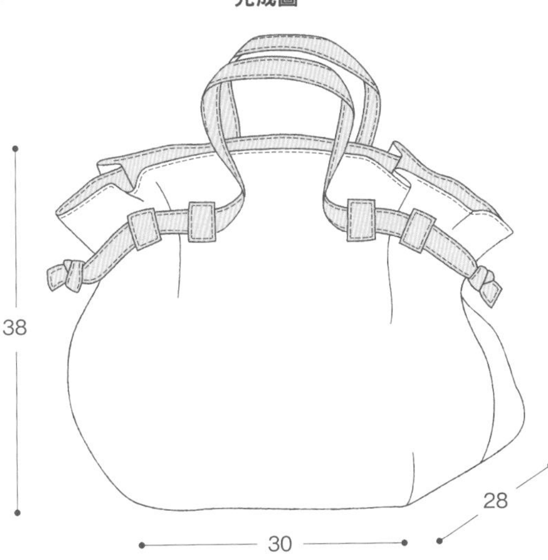

38
28
30

26 環保購物袋 photo p.52

材料

本體…8號綠色帆布70㎝×130㎝
內袋…印花棉布60㎝×120㎝
寬3.5㎝斜布條 210㎝
布用白色顏料・止伸襯布條 各適量

完成尺寸

32×39×側身18㎝

製作方法

1. 使用布用顏料，以5㎝間隔距離的方式將帆布塗成條紋圖樣。
2. 裁剪本體布料。
3. 提把貼上止伸襯布條。
4. 將本體正面相對重疊後，縫合提把與兩側邊，攤開縫份。
5. 縫合側身。
6. 內袋製作方式與本體相同，完成後放入本體中，疏縫固定。
7. 提把進行滾邊。

★紙型請見P.103

裁布圖
8號帆布（綠色）

※○中的數字為縫份，除標示處之外，其餘縫份皆為1㎝

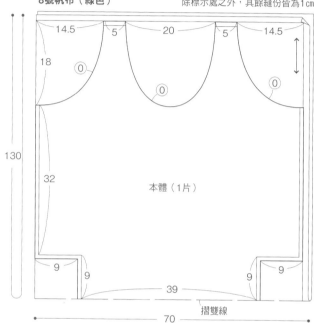

14.5
5
20
5
14.5
18
0
0
0
130
32
本體（1片）
9
9
39
9
9
摺雙線
70

印花棉布

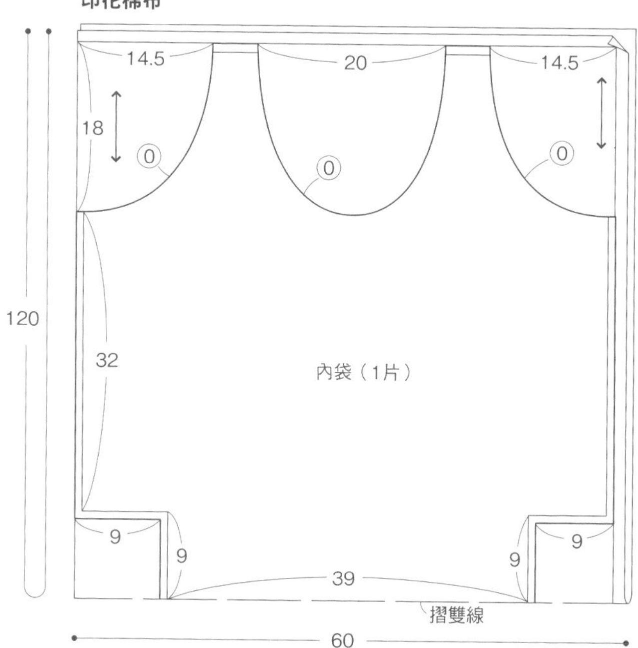
14.5
20
14.5
18
0
0
0
120
32
內袋（1片）
9
9
39
9
9
摺雙線
60

1. 在帆布上繪製條紋圖樣

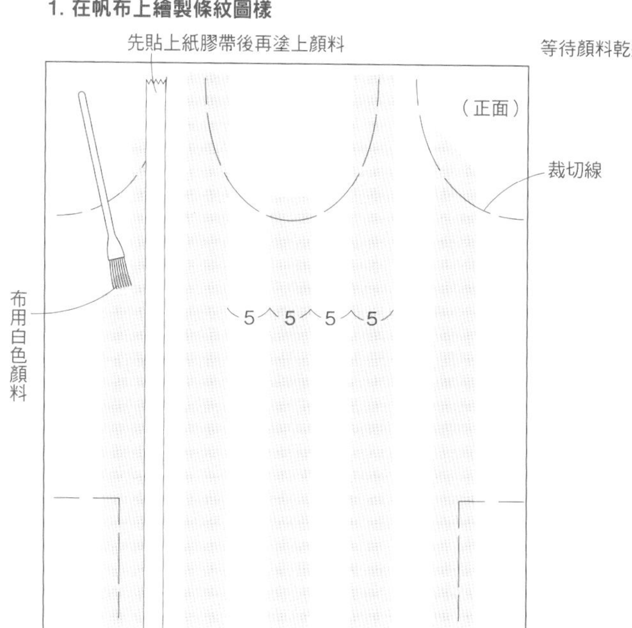
先貼上紙膠帶後再塗上顏料
等待顏料乾透
（正面）
裁切線
布用白色顏料
5
5
5
5

2. 裁剪布料

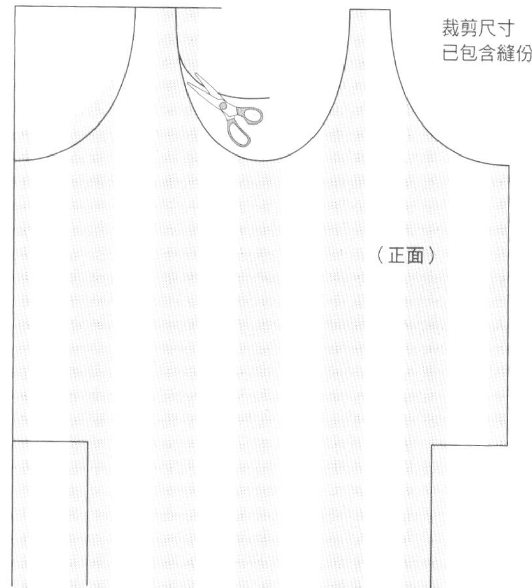
裁剪尺寸
已包含縫份
（正面）

3. 將提把貼上止伸襯布條

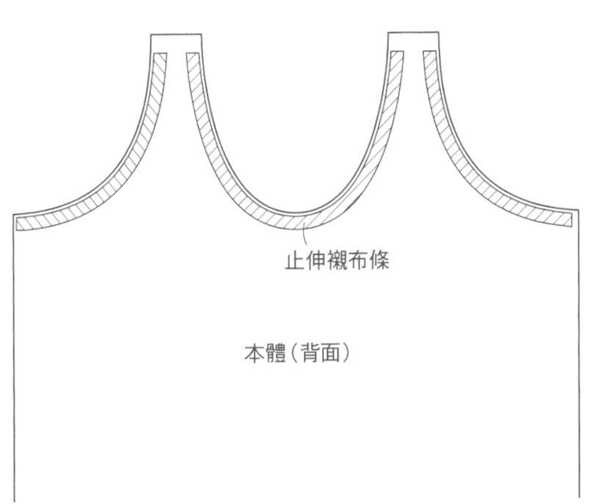
止伸襯布條
本體（背面）

4. 正面相對重疊後縫合提把與側邊

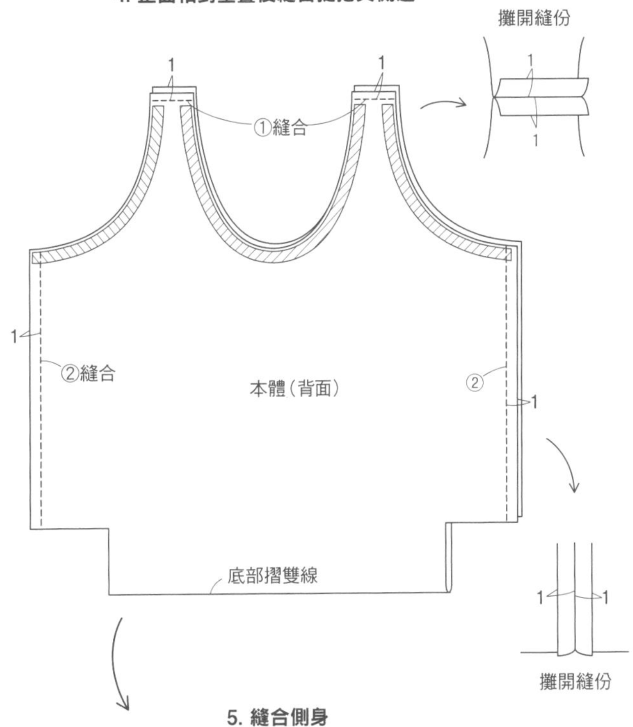
攤開縫份
1
1
①縫合
1
1
1
②縫合
本體（背面）
②
1
底部摺雙線
1
1
攤開縫份

6. 將內袋放入本體中

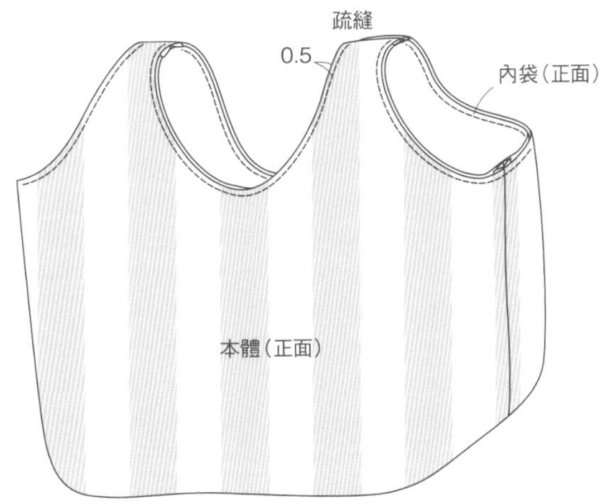
疏縫
0.5
內袋（正面）
本體（正面）

5. 縫合側身

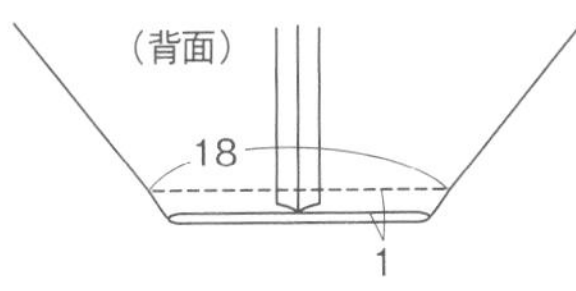
（背面）
18
1

※內袋作法與本體相同

完成圖

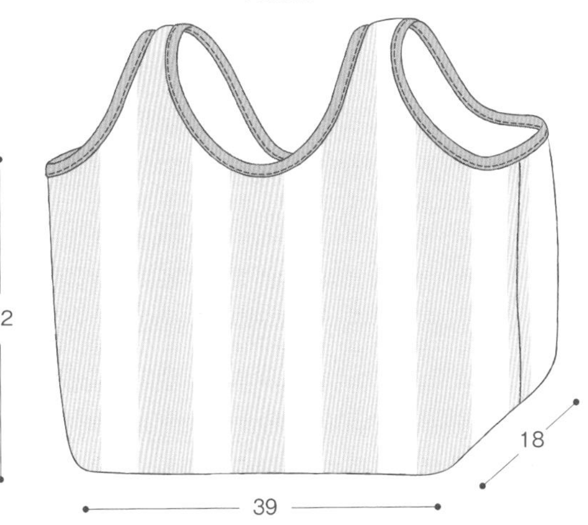
32
18
39

7. 將提把滾邊

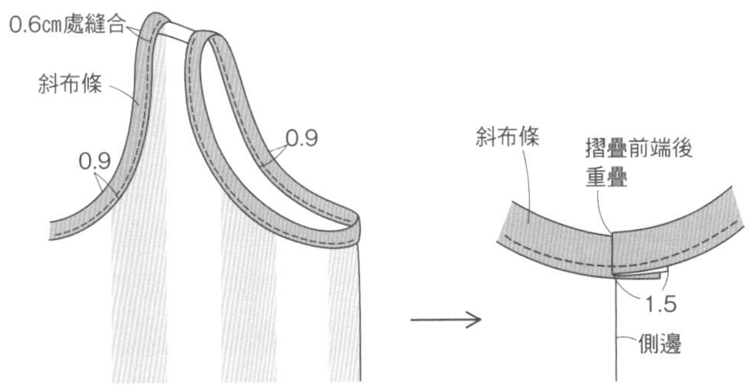
0.6cm處縫合
斜布條
0.9
0.9
斜布條
摺疊前端後
重疊
1.5
側邊

27 CD收納包 photo p.54

材料
本體・袋底…10號米色帆布110cm×20cm
袋口蓋・提把・口布…11號粉紅色帆布90×30cm
寬2.5cm織帶 120cm

完成尺寸
15.5×22×側身13.5cm

製作方法
1. 製作提把。
2. 製作袋口蓋。
3. 將提把與袋口蓋疏縫於本體上。
4. 本體袋口縫上口布。
5. 翻回正面，並壓上裝飾線。
6. 將本體正面相對重疊後，縫合兩側側邊，以織帶包捲整個縫份。
7. 本體與袋底正面相對重疊後縫合，以織帶包捲整個縫份。

裁布圖
10號帆布（米色）

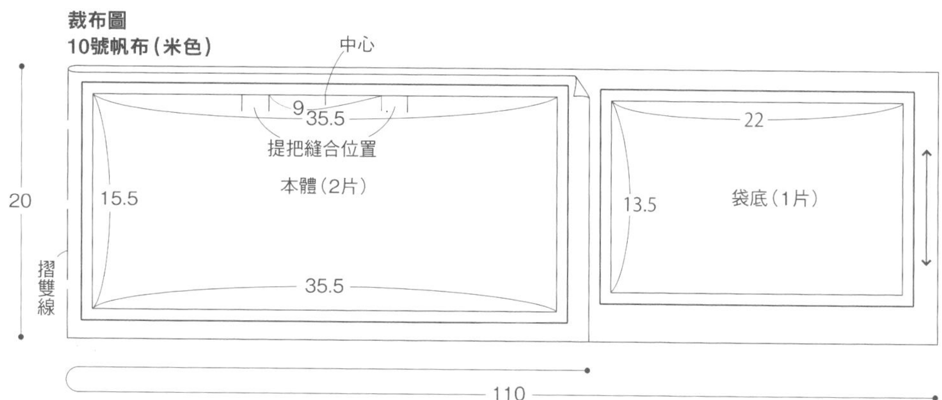
中心
9
35.5
提把縫合位置
本體（2片）
15.5
20
摺雙線
35.5
110
22
13.5
袋底（1片）

※○中的數字為縫份，
除標示處之外，其餘縫份皆為1cm

11號帆布（粉紅色）

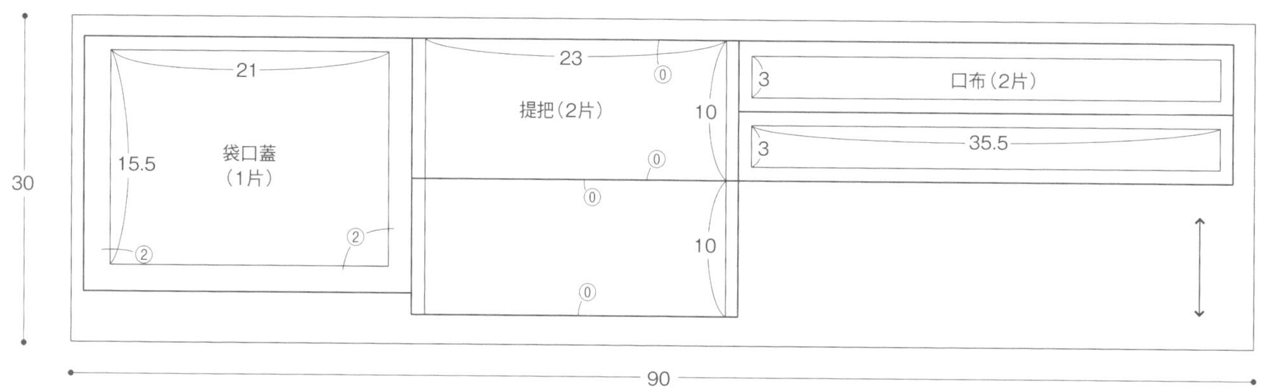
21
15.5
袋口蓋
（1片）
30
2
23
提把（2片）
10
0
3
口布（2片）
3
35.5
90

1. 製作提把

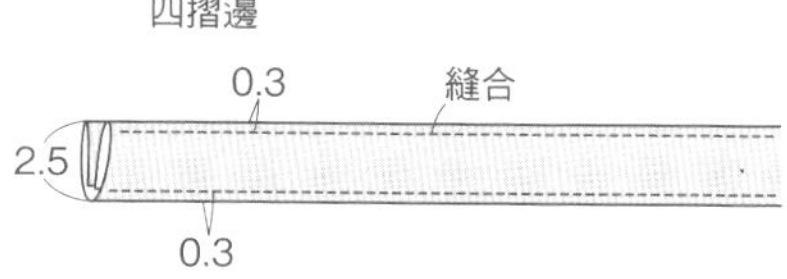
四摺邊
0.3
縫合
2.5
0.3

製作兩條

2. 製作袋口蓋

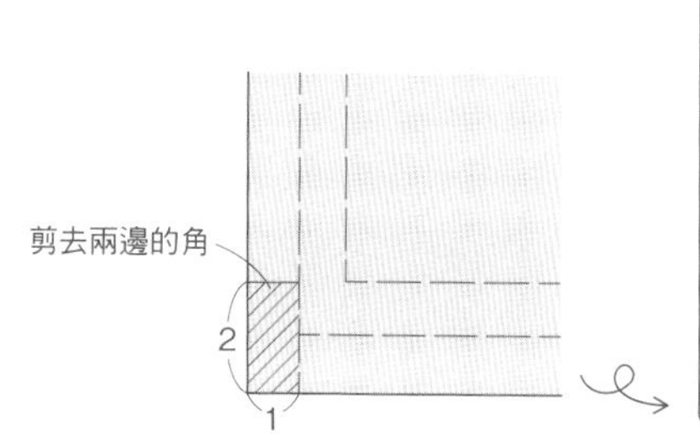
剪去兩邊的角
2
1

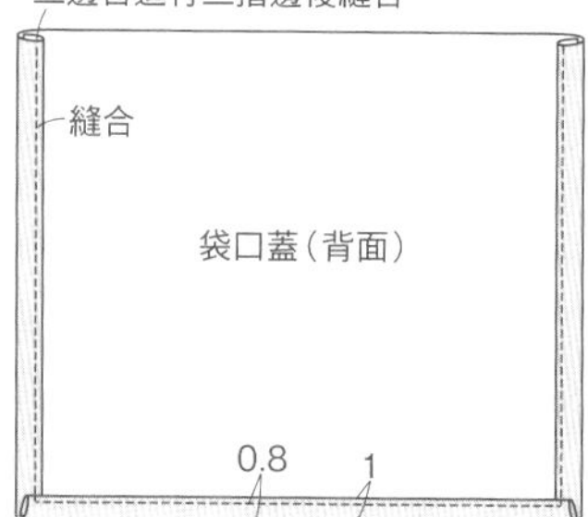
三邊皆進行三摺邊後縫合
縫合
袋口蓋（背面）
0.8
1

3. 將提把與袋口蓋疏縫於本體上

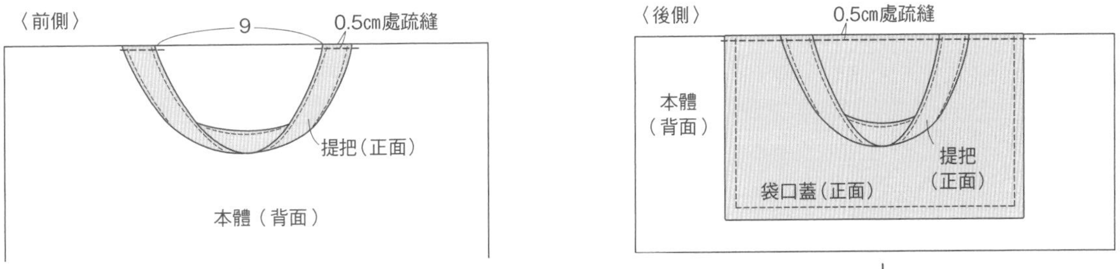

〈前側〉
9
0.5cm處疏縫
提把(正面)
本體(背面)

〈後側〉
0.5cm處疏縫
本體(背面)
提把(正面)
袋口蓋(正面)

4. 本體袋口縫上口布

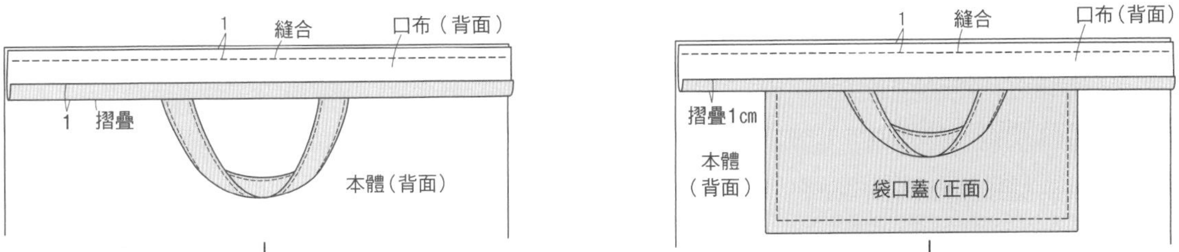

1
縫合
口布(背面)
1
摺疊
本體(背面)

1
縫合
口布(背面)
摺疊1cm
本體(背面)
袋口蓋(正面)

5. 翻回正面，並壓上裝飾線

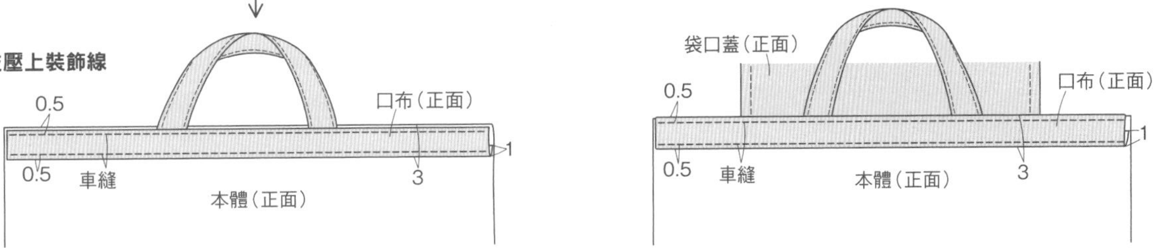

0.5
口布(正面)
0.5
車縫
3
1
本體(正面)

袋口蓋(正面)
0.5
口布(正面)
0.5
車縫
本體(正面)
3
1

6. 將本體正面相對重疊後，縫合兩側側邊

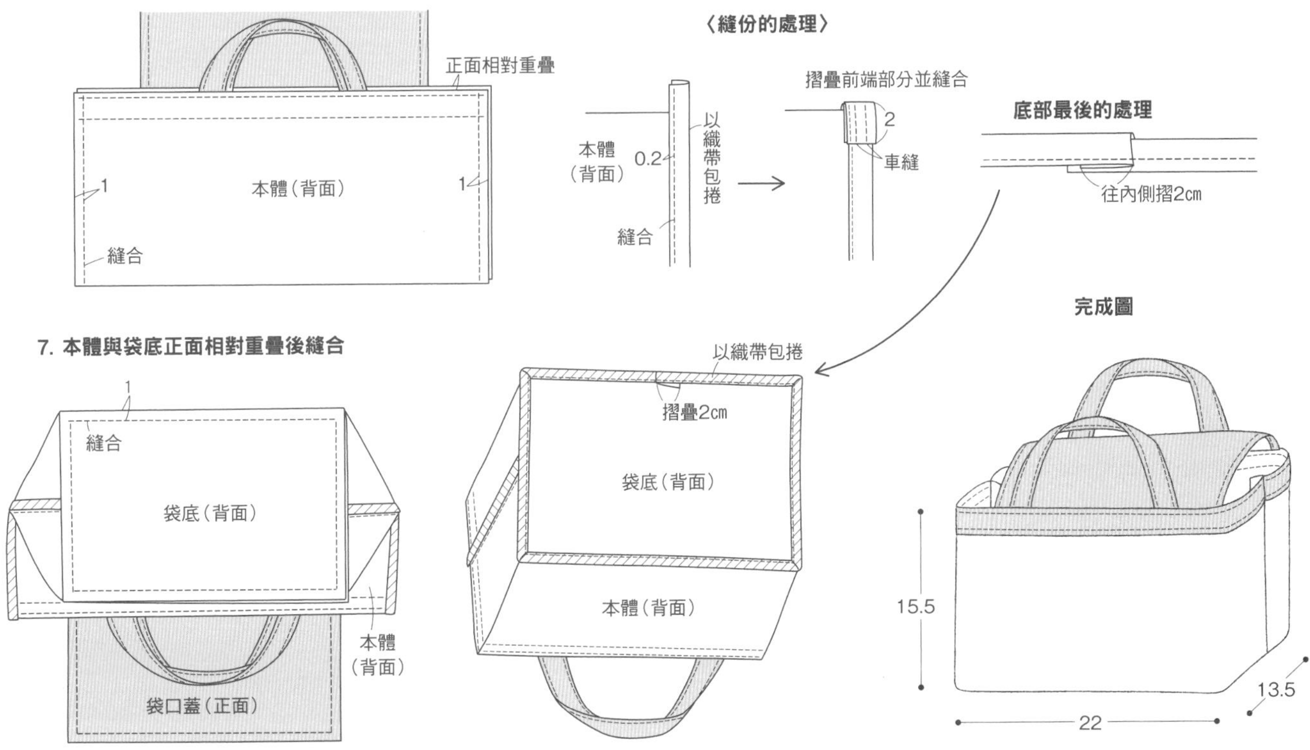

正面相對重疊
1
本體(背面)
1
縫合
〈縫份的處理〉
本體
(背面)
0.2
以織帶包捲
縫合
摺疊前端部分並縫合
2
車縫
底部最後的處理
往內側摺2cm
完成圖
7. 本體與袋底正面相對重疊後縫合
1
縫合
袋底(背面)
本體
(背面)
袋口蓋(正面)
以織帶包捲
摺疊2cm
袋底(背面)
本體(背面)
15.5
13.5
22

28 書本收納包 photo p.55

材料

本體・側身…8號白色帆布110cm×70cm
內袋・底布・內袋側身・側身底布・提把・側拉片…11號藍灰色帆布110cm×80cm

完成尺寸

25×34×側身24.5cm

製作方法

1. 製作提把。
2. 製作側拉片。
3. 將底布與提把縫合於本體上。
4. 將側身底布與側拉片縫合於側身上。
5. 將本體與側身正面相對重疊後，縫合底部與側邊。
6. 內袋作法與本體相同，完成後與本體正面相對重疊後，縫合袋口。接著翻回正面，縫合返口，並於袋口邊壓上裝飾線。

裁布圖

8號帆布（白色）

※○中數字為縫份，除標示處之外，其餘縫份皆為1cm

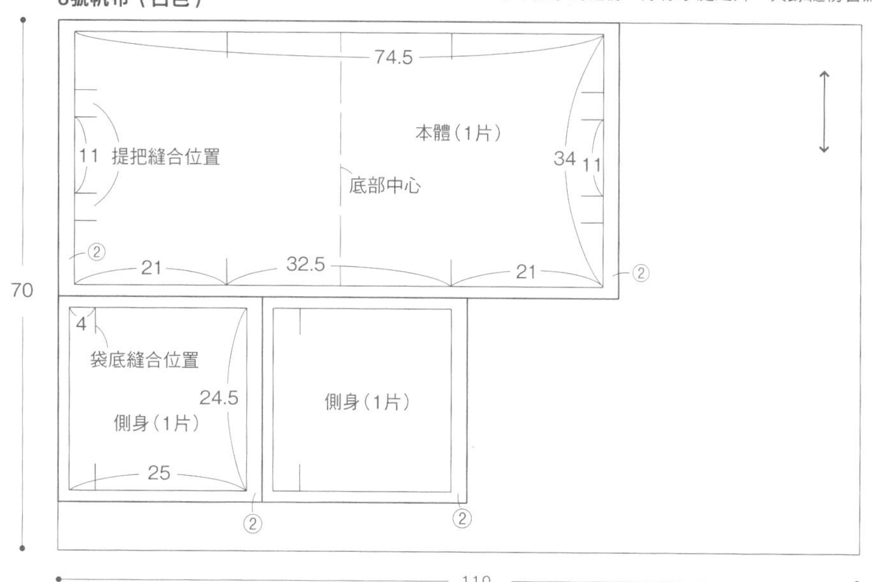

74.5
本體（1片）
11 提把縫合位置
34 11
底部中心
21
32.5
21
70
4
袋底縫合位置
24.5
側身（1片）
側身（1片）
25
110

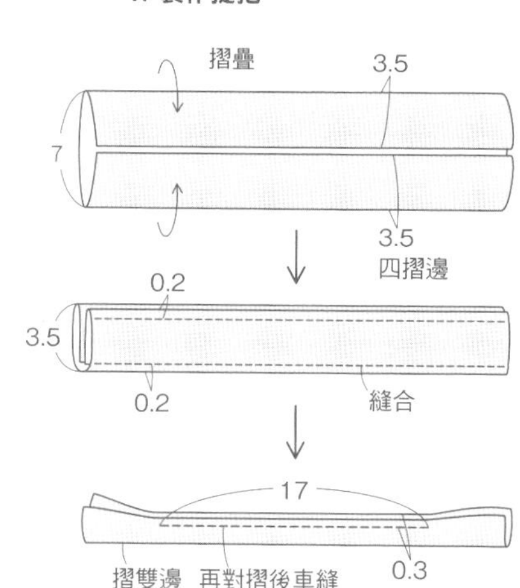

1. 製作提把
摺疊
3.5
7
3.5
四摺邊
0.2
3.5
0.2
縫合
17
摺雙邊
再對摺後車縫
0.3

11號帆布（藍灰色）

74.5
14
內袋（1片）
11 提把縫合位置
34 11
22 提把（1片）
提把（1片）
底部中心
37.25
37.25
80
25
內袋側身（1片）
24.5
內袋側身（1片）
34
32.5
底布（1片）
中心
4 24.5
側身底布（2片）
24
10
側拉片（1片）
側拉片（1片）
110

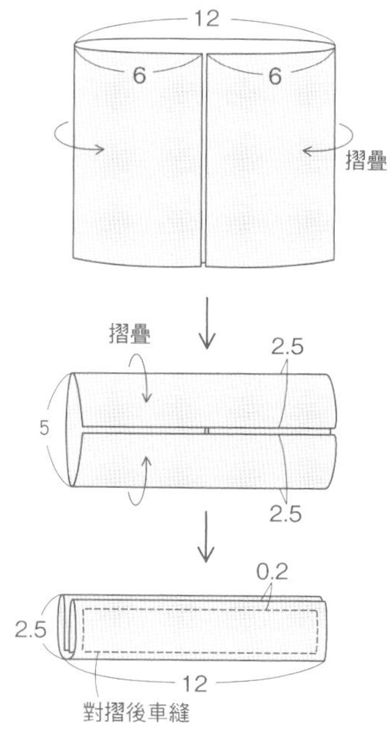

2. 縫合側拉片
12
6
6
摺疊
摺疊
2.5
5
2.5
0.2
2.5
12
對摺後車縫

3. 將底布與提把縫合於本體上

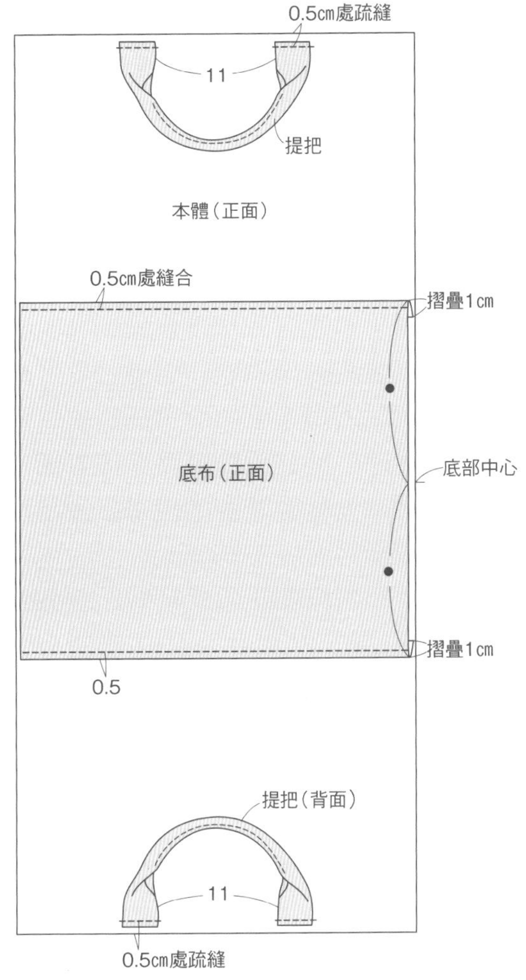
0.5cm處疏縫
11
提把
本體（正面）
0.5cm處縫合
摺疊1cm
底布（正面）
底部中心
摺疊1cm
0.5
提把（背面）
11
0.5cm處疏縫

4. 將側身底布與側拉片縫合於側幅上

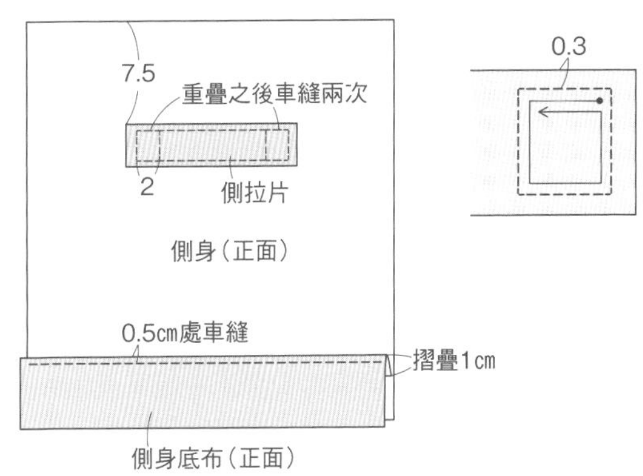
7.5
重疊之後車縫兩次
2
側拉片
0.3
側身（正面）
0.5cm處車縫
摺疊1cm
側身底布（正面）

5. 將本體與側身正面相對重疊後，縫合底部與側邊

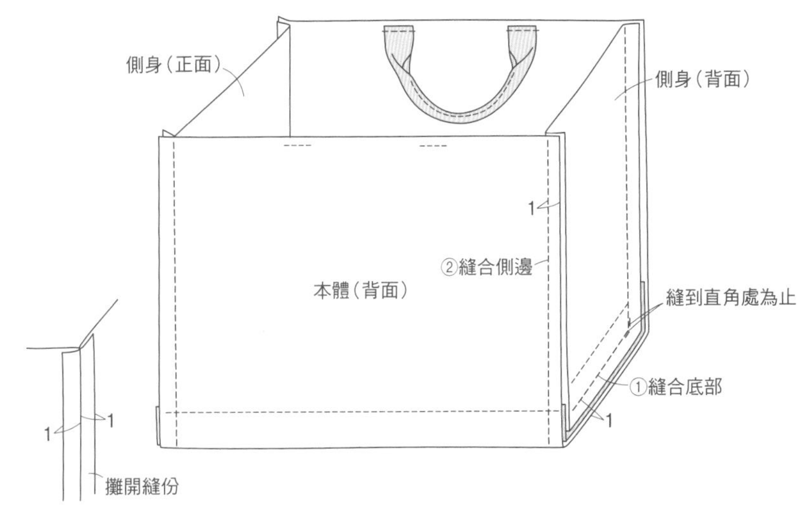
側身（正面）
側身（背面）
1
②縫合側邊
本體（背面）
縫到直角處為止
①縫合底部
1
1
1
攤開縫份

※內袋以相同的方法製作

6. 本體與內袋正面相對重疊後，縫合袋口

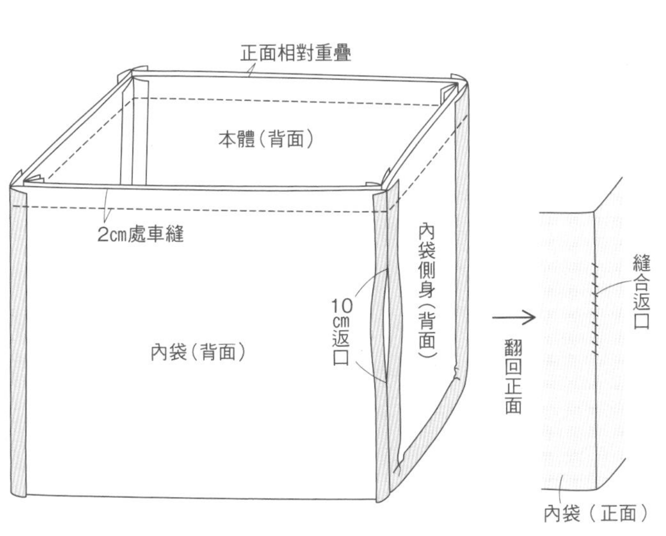
正面相對重疊
本體（背面）
2cm處車縫
內袋側身（背面）
10cm返口
內袋（背面）
翻回正面
縫合返口
內袋（正面）

完成圖

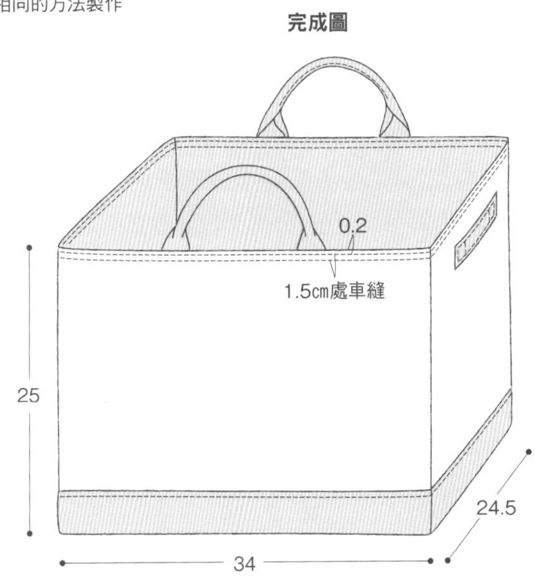
0.2
1.5cm處車縫
25
24.5
34

29 洗衣籃 photo p.56

材料

本體・內袋・袋底・內袋底・提把表布
…8號白色帆布110cm×200cm
袋口用束口布・提把裡布…白色麻布80×80cm
裝飾布標…灰色麻布 10×5cm
寬0.8cm緞帶 320cm・寬2cm織帶 510cm
魔鬼氈・25號紅色刺繡線 適當長度

完成尺寸

45×38×側身38cm

製作方法

1. 製作布標，縫於本體上作為裝飾。
2. 製作提把。
3. 將兩片本體正面相對重疊後，縫合兩側側邊，再以織帶包捲整個縫份。
4. 將本體與袋底正面相對重疊後縫合，以織帶包捲整個縫份。
5. 將提把縫合於本體上。
6. 縫上魔鬼氈。
7. 將兩片袋口用束口布正面相對重疊後，縫合側邊，並作出穿繩用的部分。完成後縫於本體袋口內側，將緞帶穿過。
8. 內袋作法與本體相同，並對應本體的魔鬼氈位置，將另一部分的魔鬼氈縫於內袋上。

裁布圖
8號帆布（白色）

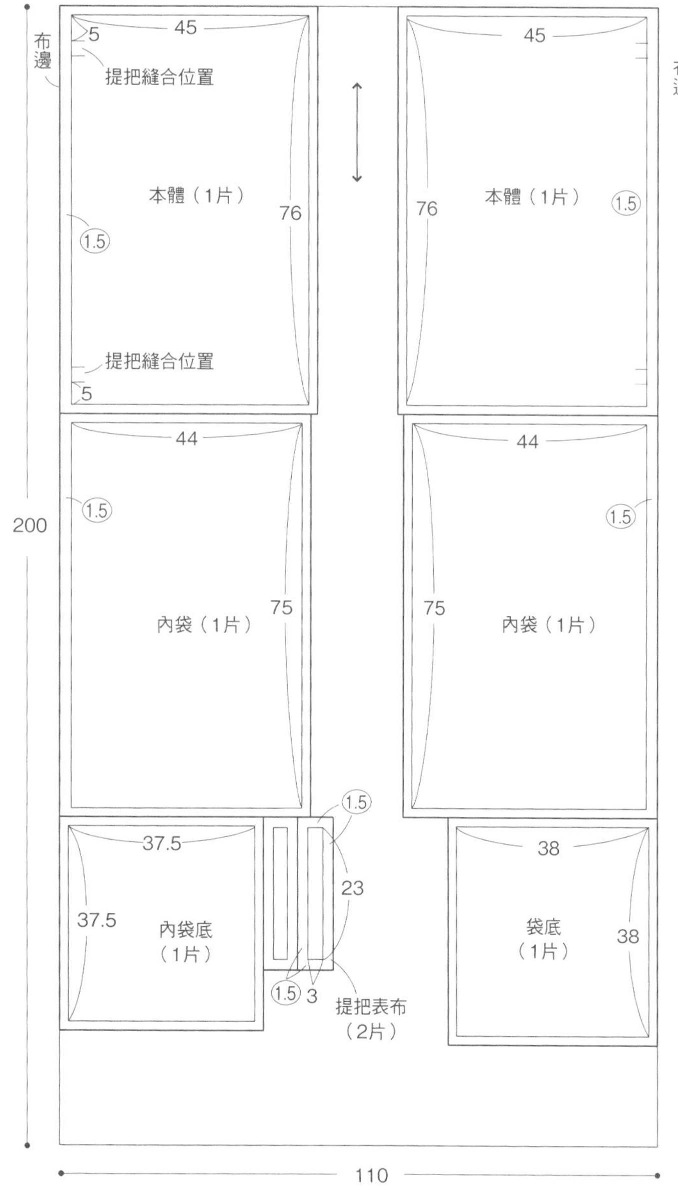

布邊
45
5
提把縫合位置
本體（1片）
76
1.5
提把縫合位置
5
45
布邊
76
本體（1片）
1.5
200
44
1.5
內袋（1片）
75
44
1.5
75
內袋（1片）
37.5
37.5
內袋底
（1片）
1.5
23
1.5
3
提把表布
（2片）
38
袋底
（1片）
38
110

※○中的數字為縫份，
除標示處之外，其餘縫份皆為1cm

麻布（白色）

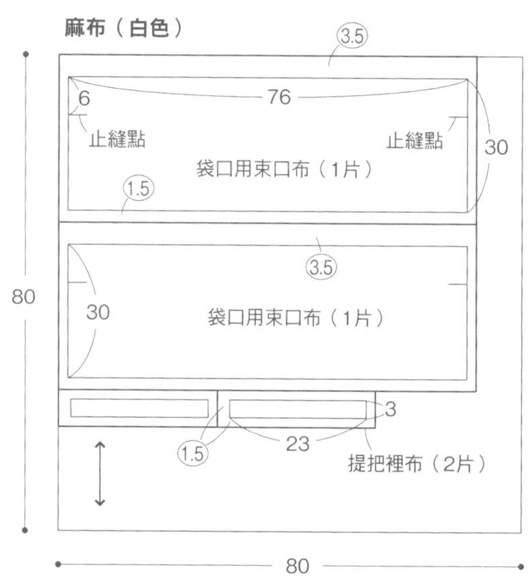

3.5
6
76
止縫點
止縫點
30
袋口用束口布（1片）
1.5
3.5
80
30
袋口用束口布（1片）
3
1.5
23
提把裡布（2片）
80

1. 將裝飾布標縫於本體上

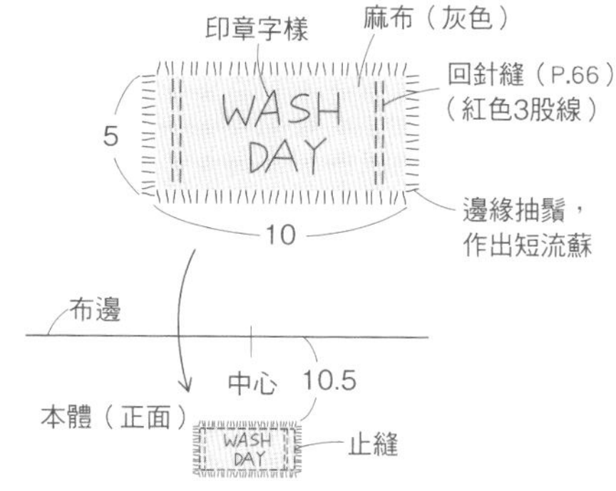

印章字樣
麻布（灰色）
回針縫（P.66）
（紅色3股線）
WASH
DAY
5
10
邊緣抽鬚，
作出短流蘇
布邊
中心
10.5
本體（正面）
止縫

2. 製作提把

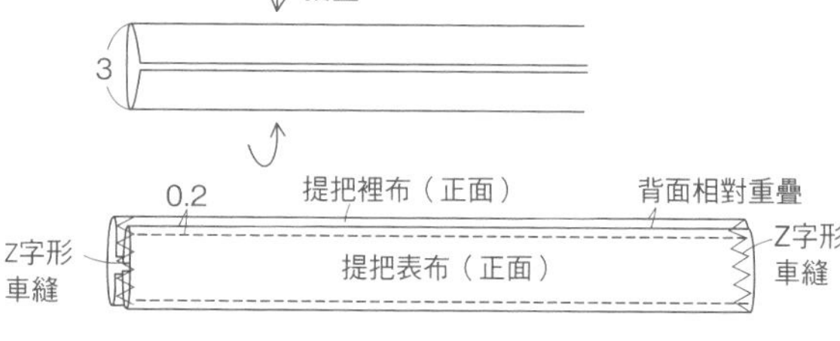

摺疊
3
0.2
提把裡布（正面）
背面相對重疊
Z字形
車縫
提把表布（正面）
Z字形
車縫

3. 將本體正面相對重疊後縫合側邊

正面相對重疊
布邊
1
1
縫合
本體（背面）

〈縫份的處理〉

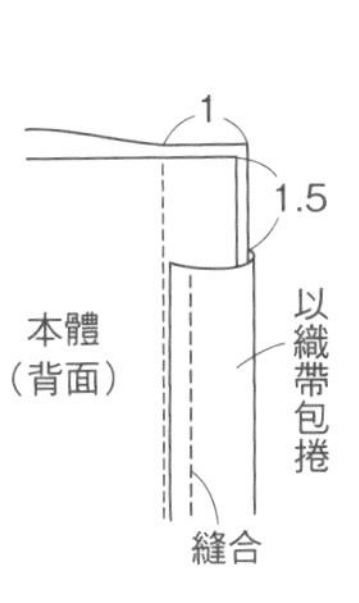

1
1.5
本體
（背面）
以織帶包捲
縫合

4. 將本體與袋底正面相對重疊後縫合

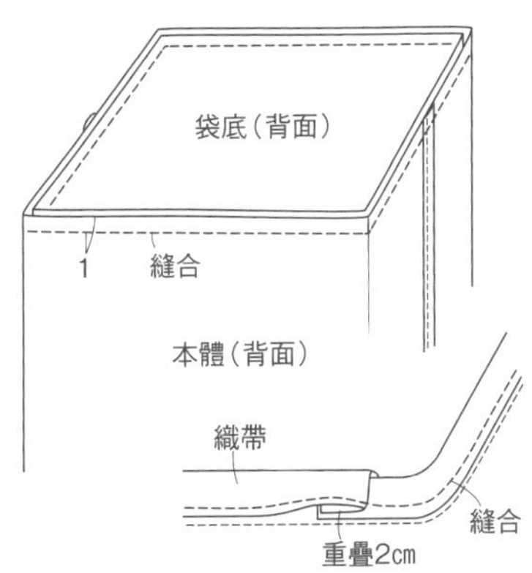

袋底（背面）
1
縫合
本體（背面）
織帶
縫合
重疊2cm

5. 製作提把

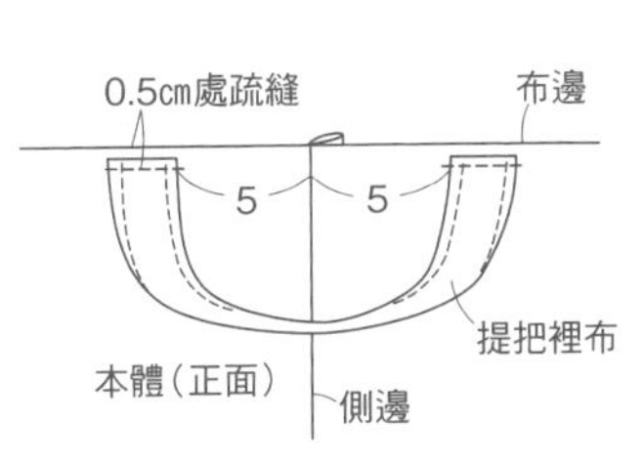

0.5cm處疏縫
布邊
5
5
提把裡布
本體（正面）
側邊

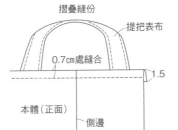

摺疊縫份
提把表布
0.7cm處縫合
1.5
本體（正面）
側邊

6. 縫上魔鬼氈

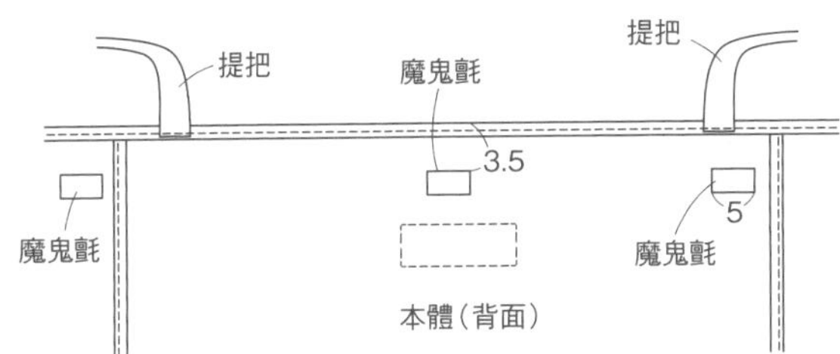

提把
魔鬼氈
提把
3.5
魔鬼氈
5
魔鬼氈
本體（背面）

7. 製作袋口用的束口布

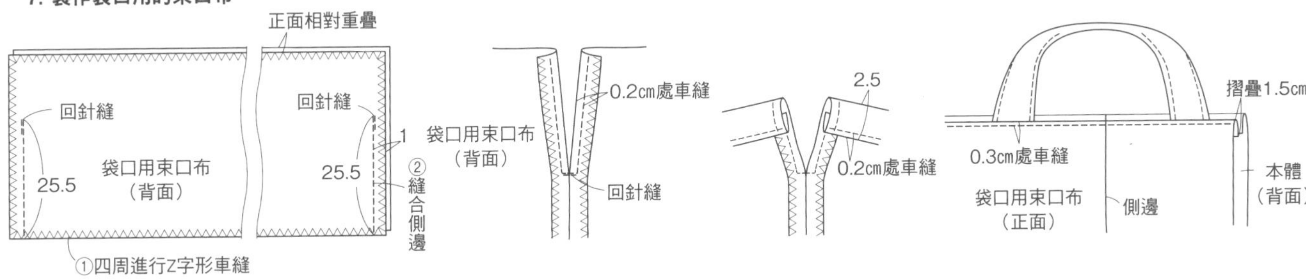

正面相對重疊
回針縫
回針縫
1
25.5
袋口用束口布
（背面）
25.5
②縫合側邊
①四周進行Z字形車縫
0.2cm處車縫
袋口用束口布
（背面）
回針縫
2.5
0.2cm處車縫
摺疊1.5cm
0.3cm處車縫
本體
（背面）
袋口用束口布
（正面）
側邊

寬0.8cm緞帶
160cm×2條

袋口用束口布
（正面）

8. 製作內袋

※與本體一樣，將內袋本體與內袋底縫合

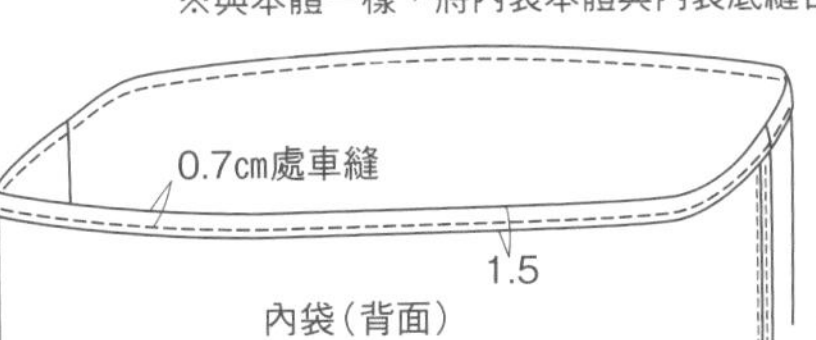

0.7cm處車縫
1.5
內袋（背面）

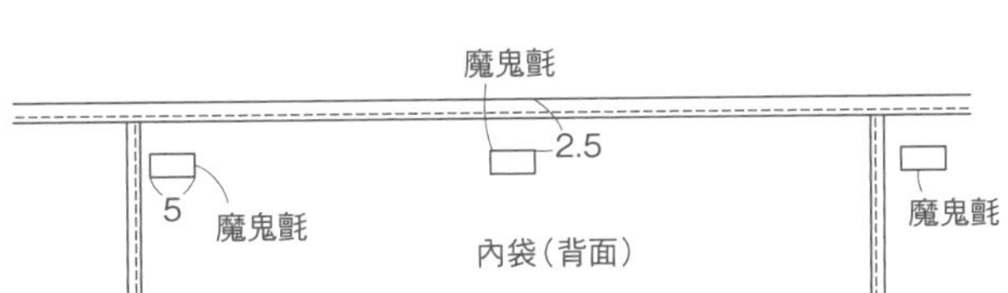

魔鬼氈
2.5
5
魔鬼氈
內袋（背面）
魔鬼氈

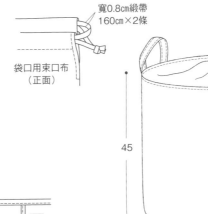

完成圖

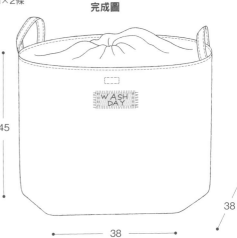

WASH DAY
45
38
38

marine

17 斜裁式托特包 photo p.37

材料

本體・側身・提把…8號白色帆布92㎝×90㎝
壓克力顏料・字體模板紙型・海綿

完成尺寸

35×35×側身12㎝

製作方法

1. 在本體拓印上字體。
2. 將本體與側身的袋口壓上裝飾線。
3. 將本體與側身背面相對重疊後，依序順著側邊、底部縫合。
4. 將兩片提把布重疊後縫合四周。共製作兩條。
5. 將提把縫合於本體上。

★字體模板紙型請見P.79。

裁布圖
8號帆布（白色）

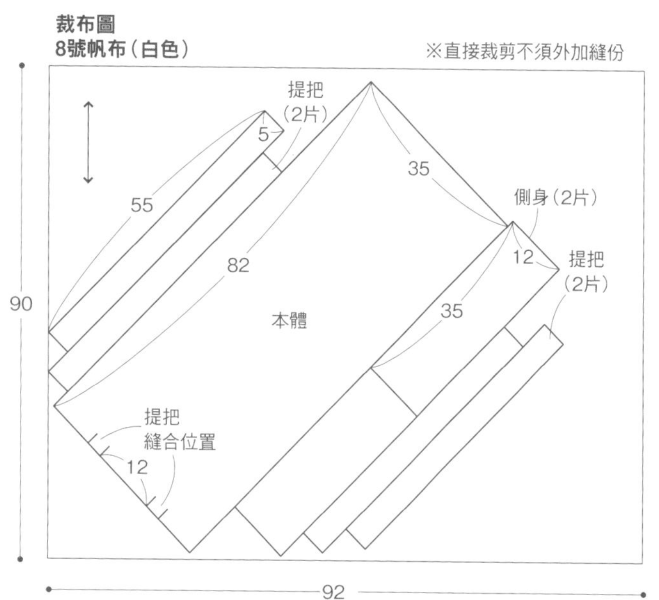
※直接裁剪不須外加縫份
提把
(2片)
5
55
35
82
側身(2片)
12
提把
(2片)
90
本體
35
提把
縫合位置
12
92

1. 以模板拓印上字體

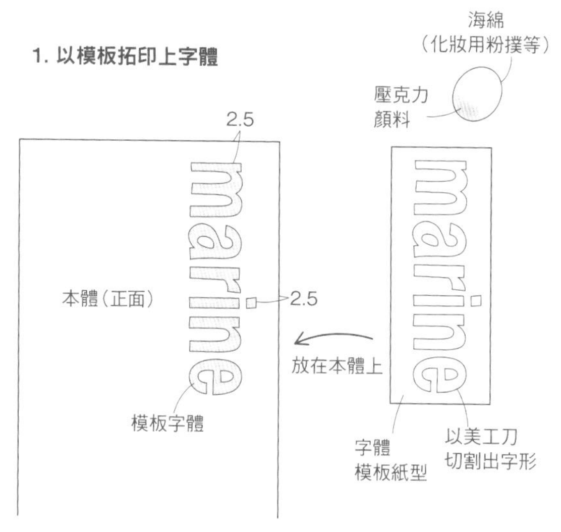
海綿
(化妝用粉撲等)
壓克力
顏料
2.5
marine
本體(正面)
2.5
放在本體上
模板字體
字體
模板紙型
以美工刀
切割出字形

2. 將本體與側身的袋口壓上裝飾線

0.2
0.5
0.5
車縫

3. 將本體與側身背面相對重疊，縫合

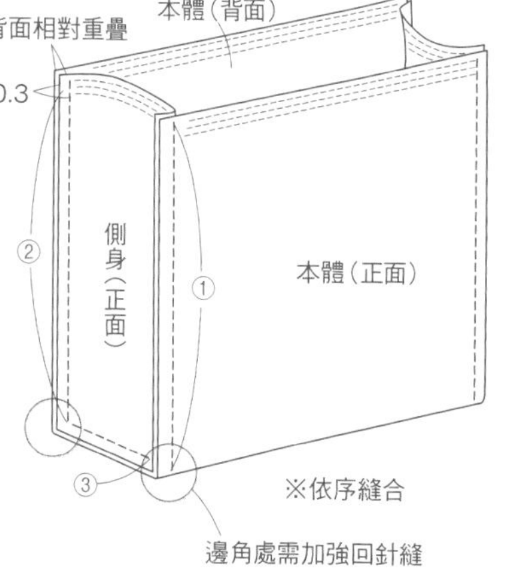
本體(背面)
背面相對重疊
0.3
②
側身(正面)
①
本體(正面)
③
※依序縫合
邊角處需加強回針縫
※底部不需剪牙口

4. 製作提把

兩片重疊
0.2
0.2
車縫

5. 接縫提把

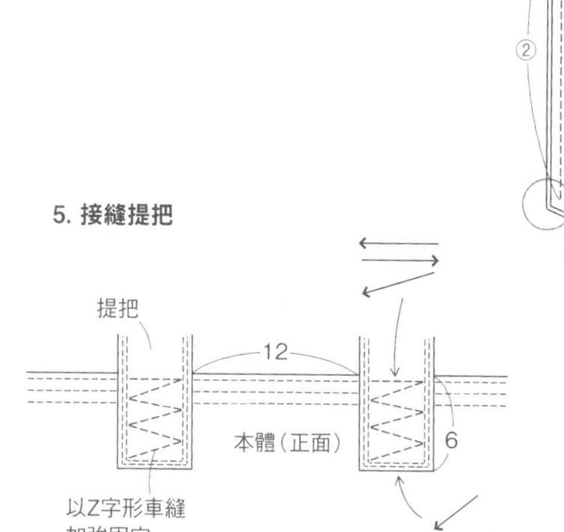
提把
12
本體(正面)
6
以Z字形車縫
加強固定

完成圖

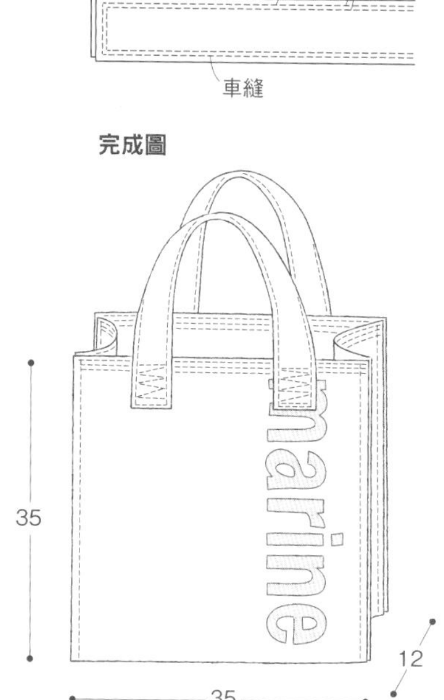
marine
35
12
35

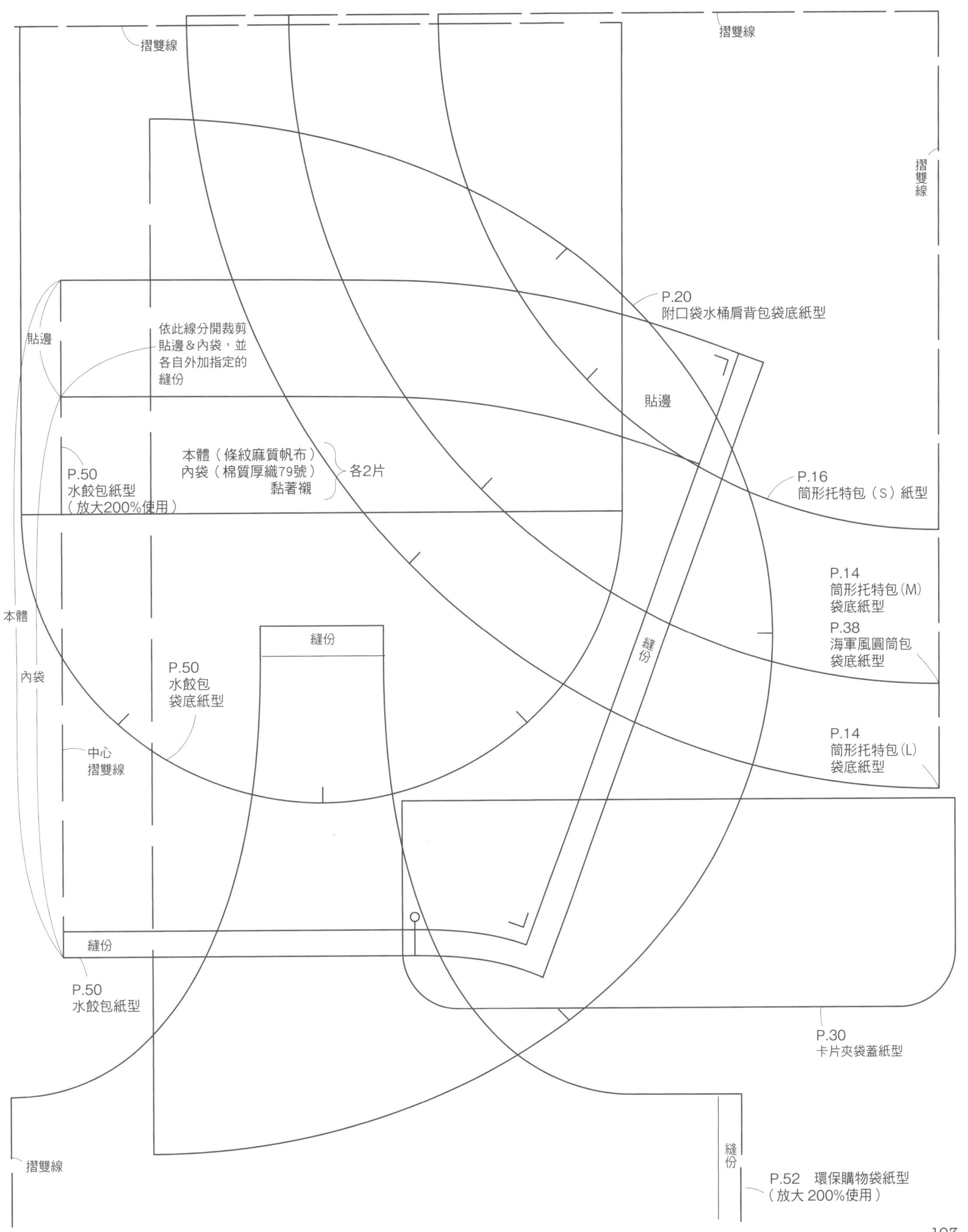

摺雙線
摺雙線
摺雙線
P.20
附口袋水桶肩背包袋底紙型
貼邊
依此線分開裁剪
貼邊＆內袋，並
各自外加指定的
縫份
貼邊
本體（條紋麻質帆布）
內袋（棉質厚織79號）
黏著襯
各2片
P.50
水餃包紙型
（放大200%使用）
P.16
筒形托特包（S）紙型
P.14
筒形托特包(M)
袋底紙型
P.38
海軍風圓筒包
袋底紙型
本體
內袋
縫份
縫份
P.50
水餃包
袋底紙型
中心
摺雙線
P.14
筒形托特包(L)
袋底紙型
縫份
P.50
水餃包紙型
P.30
卡片夾袋蓋紙型
縫份
摺雙線
P.52　環保購物袋紙型
（放大 200%使用）

國家圖書館出版品預行編目(CIP)資料

家用縫紉機OK！自己作不退流行の帆布手作包/赤峰清香著；Miro譯.
-- 二版. -- 新北市：新手作出版：悅智文化發行, 2020.11
面； 公分. --（輕・布作；10）
ISBN 978-957-9623-59-9（平裝）

1.手提袋 2.手工藝

426.7 109015343

赤峰清香

SAYAKA AKAMINE

文化女子大學 服裝學系畢業
曾經在服裝公司負責包包・配件的企劃＆設計，目前為自由工作者。除了在書籍與雜誌上發表作品，亦身兼工作坊、VOGUE學園東京校、橫濱校的講師。著有《令人長久喜愛的成熟風包款與化妝收納包》（暫譯，日文原版《長く愛せる大人のバッグとポーチ》日本VOGUE社出版）、《赤峰清香的HAPPY BAGS：簡單就是態度!百搭實用的每日提袋＆收納包》（中文版・雅書堂出版／日文原版《毎日使いたいバッグ&ポーチ》Boutique社出版）等書。
http://www.akamine-sayaka.com/

STAFF

攝　影／渡辺淑克（封面）
森谷則秋 森村友紀（製作過程・去背照片）
造　型／赤峰清香
書籍設計／前原香織
作法解説／鈴木さかえ
製　圖／day studio 大樂里美 WADE
編輯協助／小林安代 吉田晶子
責任編輯／寺島暢子

素材協助

◆布之通販L'idée
http://lidee.net/
◆中商事株式會社（fabric bird）
https://www.fabricbird.com/
◆大塚屋
http://www.otsukaya.co.jp/
◆OKADAYA新宿本店
http://www.okadaya.co.jp
◆（株）fjx
http://www.fjx.co.jp
◆川島商事株式會社
http://www.e-ktc.co.jp/textile/
◆倉敷帆布（株式會社Baistone）
http://store.kurashikihampu.co.jp/
◆INAZUMA 植村株式會社
http://www.inazuma.biz

小道具協助

◆kamilavka
◆navy-yard
http://www.navy-yard.com/
◆北歐雜貨 空
http://hokuozakka.com
◆MARINE FRANCAISE LUMINE橫濱店
http://press.innocent.co.jp/

輕・布作 10

家用縫紉機OK！
自己作不退流行の帆布手作包（暢銷增訂版）

作　　者／赤峰清香
譯　　者／Miro
發 行 人／詹慶和
選 書 人／Eliza Elegant Zeal
執行編輯／劉蕙寧・陳姿伶
特約編輯／洪鈺惠
編　　輯／蔡毓玲・黃璟安
封面設計／周盈汝・韓欣恬
美術編輯／陳麗娜
內頁排版／韓欣恬
出 版 者／Elegant-Boutique新手作
發 行 者／悅智文化事業有限公司　郵政劃撥帳號／19452608
戶　　名／悅智文化事業有限公司
地　　址／新北市板橋區板新路206號3樓
網　　址／www.elegantbooks.com.tw
電子郵件／elegant.books@msa.hinet.net
電　　話／(02)8952-4078　傳真／(02)8952-4084

2013年03月初版一刷
2020年11月二版一刷　定價350元

Zouhokaiteiban KATEIYOU MACHINE DE TSUKURU HANPU NO BAG
(NV70494)
Copyright © Sayaka Akamine/ NIHON VOGUE-SHA 2018
All rights reserved.
Photographer:Toshikatsu Watanabe, Noriaki Moriya, Yuki Morimura
Original Japanese edition published in Japan by NIHON VOGUE Corp.
Traditional Chinese translation rights arranged with NIHON VOGUE Corp.
through Keio Cultural Enterprise Co., Ltd.
Traditional Chinese edition copyright © 2020 by Elegant Books Cultural Enterprise Co., Ltd.

經銷／易可數位行銷股份有限公司
地址／新北市新店區寶橋路235巷6弄3號5樓
電話／(02)8911-0825　傳真／(02)8911-0801

版權所有・翻印必究
※本書作品禁止任何商業營利用途（店售・網路販售等）＆刊載，
請單純享受個人的手作樂趣。
※本書如有缺頁，請寄回本公司更換。